高职高专
名校名师精品"十三五"规划教材

Mini Program Development Guide
(PHP+Laravel+MySQL)

微信小程序

开发实战教程

PHP+Laravel+MySQL 微课版

曾建华 ◎ 主编

人民邮电出版社

北 京

图书在版编目（C I P）数据

微信小程序开发实战教程：PHP+Laravel+MySQL：
微课版 / 曾建华主编. -- 北京：人民邮电出版社，
2021.1（2022.11重印）
高职高专名校名师精品"十三五"规划教材
ISBN 978-7-115-55338-6

Ⅰ. ①微… Ⅱ. ①曾… Ⅲ. ①移动终端－应用程序－
程序设计－高等职业教育－教材 Ⅳ. ①TN929.53

中国版本图书馆CIP数据核字（2020）第225770号

内 容 提 要

　　本书较为全面地介绍了微信小程序开发的核心知识，并以附录形式介绍了 ES6 语法和 Bootstrap。全书共 11 章，从企业用人需求的角度出发，以够用、实用为原则，介绍了微信小程序的项目构成、页面构成、生命周期函数、WXML 语法、事件、API、系统组件、自定义组件，以及如何使用 WeUI 组件库等。在后台方面，从讲解微信小程序如何使用外部 API，到使用 PHP 和 MySQL 设计自己的 API，再到使用 Laravel 框架设计自己的 API，让读者理解后台的开发流程以及微信小程序是如何与后台交互的。

　　本书既可以作为高校计算机相关专业的教材，又可以作为培训机构的教材，还适合广大计算机爱好者自学使用。

◆ 主　　编　曾建华
　　责任编辑　左仲海
　　责任印制　王　郁　马振武
◆ 人民邮电出版社出版发行　　北京市丰台区成寿寺路 11 号
　　邮编 100164　　电子邮件 315@ptpress.com.cn
　　网址 https://www.ptpress.com.cn
　　固安县铭成印刷有限公司印刷
◆ 开本：787×1092　1/16
　　印张：12　　　　　　　　2021 年 1 月第 1 版
　　字数：320 千字　　　　　2022 年 11 月河北第 4 次印刷

定价：39.80 元

读者服务热线：(010)81055256　印装质量热线：(010)81055316
反盗版热线：(010)81055315
广告经营许可证：京东市监广登字 20170147 号

前 言 FOREWORD

本书以演练为主，力求目标明确地指导读者学习，全书由 11 章构成，结构脉络清晰。在内容安排上，前 6 章为微信小程序开发基础，第 7 章～第 9 章为实战演练，第 10 章～第 11 章特意安排了相关项目，从而帮助提高读者应用新知识和进一步自学的能力。

本书内容除涉及微信小程序本身之外，还涉及 PHP、MySQL、Laravel、Postman、npm、ES6、Bootstrap 等，它们或为项目演练需要，或为巩固基础知识而设置。

在开发微信小程序之前，读者应该具备基本的网页开发基础知识，具体来说，应该了解 HTML、CSS、JavaScript，但并不需要强大的界面设计能力。

本书内容完整实用，涉及实际开发中的各个常用环节。在讲解方面，文字力求简练，以达到深入浅出的效果。

全书配备视频讲解。针对书中的每一章，在相应位置加入了相关的微课，读者可以通过扫描二维码来观看视频，书网结合的讲解方式可以更好地帮助读者快速高效地理解相关章节的内容。编者在编写本书时使用的 IDE 为最新版的微信开发者工具，但由于微信开发者工具升级较为频繁，有可能导致本书出版时视频或截图稍有差异，但是不影响学习。

本书由深圳职业技术学院曾建华总结多年教学和项目开发经验编写而成。编者在探索教材建设方面做了许多努力，也对书稿进行了多次审校，但由于编写经验有限，书中难免存在一些疏漏之处，敬请同行专家和读者批评指正。

编　者
2020 年 6 月

目 录 CONTENTS

第 1 章　开发环境及第一个微信小程序

本章将从整体上介绍微信小程序的代码架构，指导读者安装和使用微信开发者工具，并初步讲解如何创建第一个微信小程序。

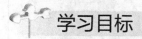 学习目标

- 了解微信小程序相关技术。
- 掌握微信开发者工具的安装、使用。
- 掌握如何创建微信小程序。
- 掌握微信小程序的项目架构、页面结构。

1.1 微信小程序简介

小程序作为一款轻应用，具有无须安装、无须卸载、触手可及、用完即走的优势，使腾讯、阿里巴巴、华为等巨头企业争相发力。实际上，除了微信小程序之外，还有支付宝小程序、华为的快应用等产品。目前，微信小程序凭借其流量优势使用最为广泛。

二维码 1-1

微信小程序提供了一个简单高效的应用开发框架、丰富的组件及应用程序接口（Application Program Interface，API），帮助开发者在微信中开发具有原生 App 体验的服务。因为其可以在微信内被便捷地获取和传播、具有出色的使用体验，同时开发者可以快速地开发一个小程序，所以微信小程序生态圈已非常完善并占据了小程序的主要市场。

微信小程序支持的开发语言有 JavaScript（简称 JS）和 TypeScript，考虑到普及性，本书以 JS 进行讲解。微信小程序开发涉及的技术与普通的网页开发相比有很大的相似性。对于前端开发者而言，从其他类型项目迁移到小程序的开发成本较低。

在开发微信小程序之前，应该具备基本的普通网页开发基础，具体来说，应该熟悉HTML、CSS、JS。在开发之前，应该理解小程序与普通网页在本质上的一些区别。

（1）网页开发者可以使用各种浏览器暴露出来的文档对象模型（Document Object Mode，DOM）API 进行 DOM 操作。小程序的逻辑层运行在 JSCore 中，并没有一个完整浏览器对象，因而缺少相关的 DOM API 和浏览器对象模型（Browser Object Mode，BOM）API。这一区别导致了在前端开发中十分常用的一些库（如 jQuery、Zepto 等）在小程序中是无法运行的。

（2）JSCore 的环境与 Node.js 环境也是不尽相同的，所以一些 NPM 的包在小程序中是无法运行的。

1.1.1　安装微信开发者工具

【演练 1.1】下载并安装微信开发者工具。

（1）在搜索引擎上自行搜索"微信开发者工具"，进入微信开发者工具下载页面，如图 1-1 所示。可根据自己的操作系统下载对应的安装包并进行安装，这里选择的是"Windows64"稳定版。

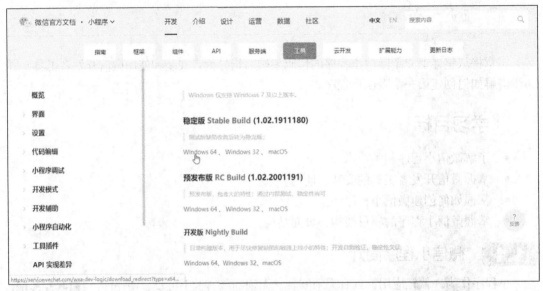

图 1-1　微信开发者工具下载页面

（2）下载完成后，运行安装文件，启用安装向导，如图 1-2 所示，单击"下一步"按钮。

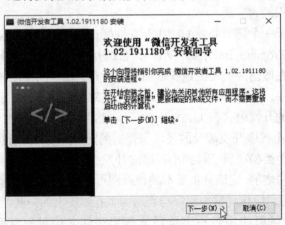

图 1-2　安装向导

（3）进入许可证协议界面，如图 1-3 所示，阅读授权条款并单击"我接受"按钮。

（4）进入选定安装位置界面，如图 1-4 所示，保持"目标文件夹"默认位置并单击"安装"按钮。

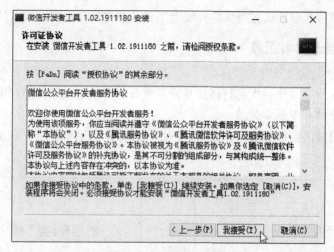

图 1-3　许可证协议界面

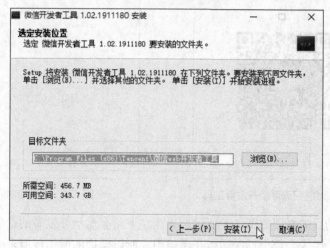

图 1-4　选定安装位置界面

（5）等待安装完成，需要等待几分钟，如图 1-5 所示，单击"完成"按钮。

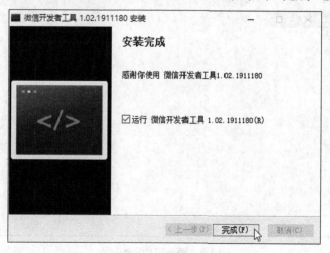

图 1-5　安装完成

3

（6）安装完成后，会默认运行微信开发者工具，或之后自行启动该工具。

1.1.2　使用微信开发者工具

【**演练 1.2**】使用微信开发者工具。

（1）如图 1-6 所示，第一次运行微信开发者工具时需使用微信扫描二维码登录开发者工具，这说明小程序的开发是实名的。

（2）使用手机微信扫描二维码，如图 1-7 所示，显示"扫描成功"，在手机上单击"确认登录"按钮。

图 1-6　微信扫码登录开发者工具

图 1-7　扫描成功

（3）登录成功后的界面如图 1-8 所示，界面左下角会显示开发者的微信头像，即开发测试时的微信账号，因为微信小程序运行在微信内，所以模拟的微信环境是必不可少的。

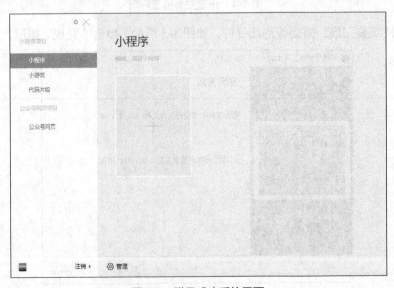

图 1-8　登录成功后的界面

1.2　第一个微信小程序

1.2.1　新建微信小程序

【**演练** 1.3】创建第一个微信小程序。

二维码 1-2

（1）为项目准备好一个空的文件夹，这里在桌面上新建了一个文件夹"wxStudy"。

（2）如图 1-8 所示，单击"+"按钮，新建项目。

（3）如图 1-9 所示，单击"目录"下拉按钮，选择桌面上的"wxStudy"文件夹，"项目名称"默认为文件夹名称"wxStudy"，也可以自行修改项目名称。"AppID"文本框中需要输入开发者的 AppID，为练习方便，单击"测试号"链接即可（正式发布时及部分功能不可使用"测试号"功能），"开发模式"保持为默认的"小程序"，"语言"保持为默认的"JavaScript"，单击"新建"按钮。

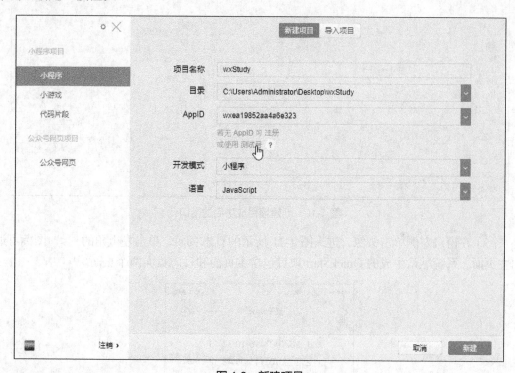

图 1-9　新建项目

【**注意**】测试号是与开发者的微信登录账号绑定的，用户的测试号和编者的不一样，也不可以使用他人的测试号。

也可单击"注册"链接前往官网注册开发者账号，在本书中学习的功能使用测试号即可实现。

（4）新建项目成功后的窗口如图 1-10 所示，窗口左上角显示的头像是登录微信开发者工具的用户微信头像。窗口左侧可查看小程序预览效果，右侧可查看项目架构。开发界面的功能在这里不逐一进行介绍，后续采取用到某功能（如菜单栏、工具栏）就讲解相应功能的方式进行说明。

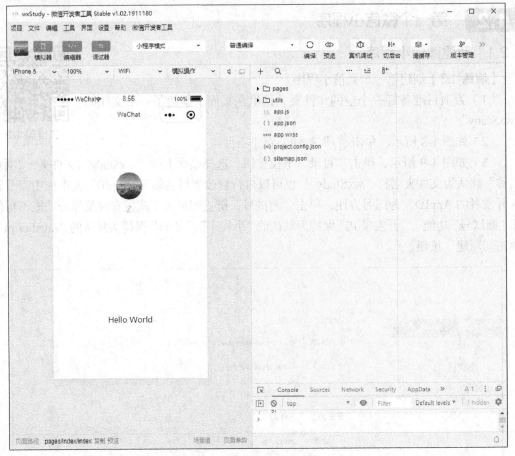

图 1-10　新建项目成功后的窗口

（5）在窗口左侧单击头像，进入图 1-11 所示的日志页面，单击左上角的"<"图标可返回主页面。系统默认生成的 QuickStart 项目包含主页面和日志页面两个页面。

图 1-11　日志页面

（6）大多数功能在计算机上预览效果即可，如果需要在手机上预览，则应先确认自己的手机微信在前台运行，然后在工具栏中单击"预览"按钮，如图 1-12 所示，最后选择"自动预览"选项。

【说明】单击"编译并预览"按钮可刷新手机上的预览效果。

（7）手机上的预览效果如图 1-13 所示。为便于后续开发测试，在手机上预览时需切换到调试模式（如 API 访问等功能要求切换到调试模式），即单击图 1-13 中的 ••• 图标。

（8）如图 1-14 所示，选择"打开调试"选项。

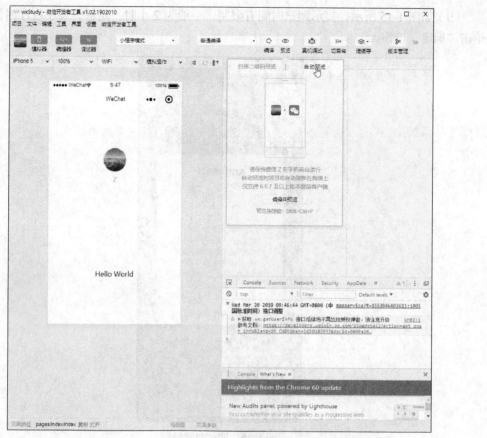

图 1-12　手机预览

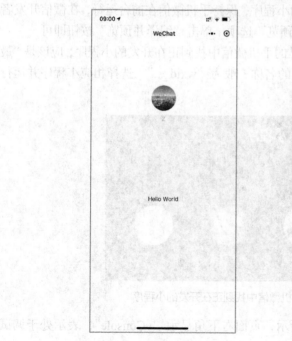

图 1-13　手机上的预览效果

图 1-14　选择"打开调试"选项

（9）如图 1-15 所示，提示调试时间有限制，一般为 2 小时，足够开发小程序时使用了，单击"确定"按钮。

图 1-15　调试时间限制

（10）切换到调试模式后，需重新启动小程序，保持手机微信在前台运行，在微信开发者工具栏中单击"预览"按钮，选择"自动预览"选项，单击"编译并预览"按钮即可。

【说明】如图 1-16 所示，也可以在自己的手机微信中找到正在开发的小程序，应该是"最近使用"列表中的第一个小程序，小程序的名称一般为"wxid_..."，选择相应小程序并运行即可。

图 1-16　在自己的手机微信中找到正在开发的小程序

（11）重新启动小程序，如图 1-17 所示，页面右下角显示"vConsole"，表示处于调试模式。

图 1-17 调试模式

1.2.2 打开已有微信小程序

【演练 1.4】打开已有微信小程序。

演练场景：打开教师下发的项目、网上下载的学习项目，或者为自己的项目更换路径并重新打开，等等。

为练习打开已有项目，需复制桌面上的"wxStudy"文件夹到"C:\"目录下。

（1）关闭已经打开的项目，如图 1-18 所示，单击"项目"按钮，选择"关闭当前项目"选项。

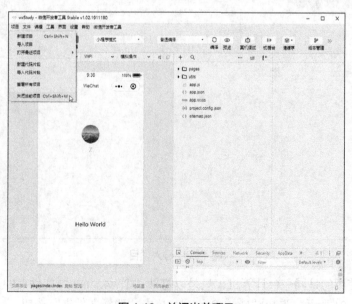

图 1-18 关闭当前项目

（2）如图 1-19 所示，在"小程序"列表中将显示最近打开的项目，但是当更换计算机后，如从家庭计算机中复制自己的小程序项目到学校计算机中使用，则"小程序"列表中将不会显示该项目，需要单击"+"按钮以新建项目。

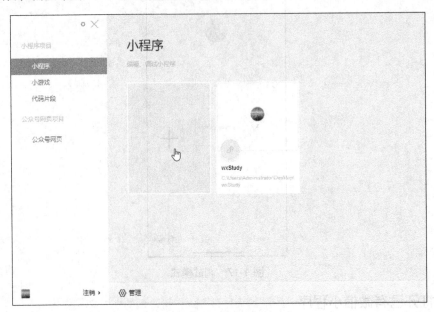

图 1-19　新建项目

（3）如图 1-20 所示，选中"导入项目"标签页，单击"目录"下拉按钮，在其中选择要导入的项目的路径。

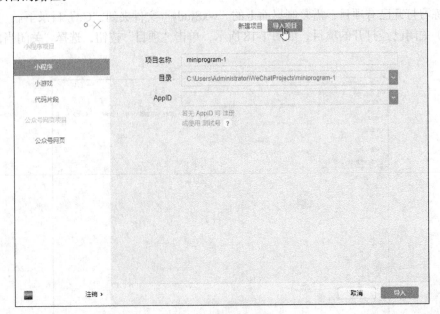

图 1-20　导入项目

（4）这里使用的是同一台计算机，只是以打开"C:\wxStudy"文件夹的方式模拟导入已有项目。如图 1-21 所示，选择"C:\wxStudy"，单击"选择文件夹"按钮。

图 1-21 选择项目文件夹

（5）如图 1-22 所示，如果是自己的项目，则无须更改 AppID；如果是他人的项目，则需单击"测试号"链接，将 AppID 更换为自己的 AppID，单击"导入"按钮，完成项目导入。

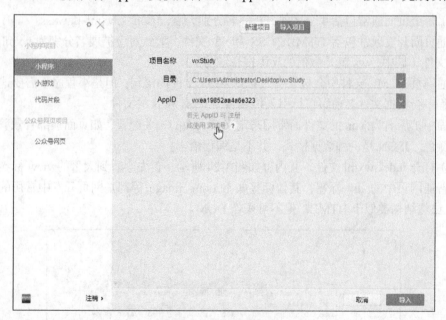

图 1-22 完成项目导入

1.3 微信小程序代码构成

整体来说，一个项目由若干个页面及项目配置文件构成，项目配置文件包括 app.json、sitemap.json 及 project.config.json，每个页面都有自己的配置文件，下面先介绍页面是怎样构成的。

1.3.1 页面结构

二维码 1-3

【演练 1.5】熟悉项目中一个页面的结构。

（1）项目有主页面和日志页面两个页面，分别对应 pages 目录下的 index 目录和 logs 目录，如图 1-23 所示，通常（不是必须）将一个页面放置在一个目录下，以便于开发及管理。

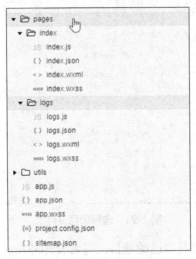

图 1-23　项目目录结构

（2）每个页面通常包括 4 个文件，扩展名分别为.js、.json、.wxml 和.wxss。

普通页面开发通常包括 HTML、CSS 和 JS 文件，大致对应扩展名分别为.wxml、.wxss 和.js 的文件（其中，wx 就是微信的汉语拼音缩写）。

普通网页 HTML 文件中会包含引入 CSS 和 JS 文件的语句，但是小程序不需要这样的代码，小程序会根据文件名前缀自行引入扩展名为.wxss 和.js 的文件。

页面中扩展名为.json 的文件通常用来定义该页面的相关配置，如页面顶部背景颜色、页面文字颜色。JSON 是一种数据格式，并不是编程语言。

（3）打开 index.wxml 文件，其内容如图 1-24 所示，首先会看到大量的 view 标签，可理解其为普通网页中的 div 标签，其他标签如 button、image 等都是网页开发中常用的标签。WXML 虽然结构类似于 HTML，但不可操作 DOM。

```
index.wxml    ×
 1    <!--index.wxml-->
 2    <view class="container">
 3      <view class="userinfo">
 4        <button wx:if="{{!hasUserInfo && canIUse}}" open-type="getUserInfo"
          bindgetuserinfo="getUserInfo"> 获取头像昵称 </button>
 5        <block wx:else>
 6          <image bindtap="bindViewTap" class="userinfo-avatar" src="{
          {userInfo.avatarUrl}}" mode="cover"></image>
 7          <text class="userinfo-nickname">{{userInfo.nickName}}</text>
 8        </block>
 9      </view>
10      <view class="usermotto">
11        <text class="user-motto">{{motto}}</text>
12      </view>
13    </view>
14
```

图 1-24　index.wxml 中文件的内容

观察后可以看到此文件中确实没有引入 WXSS 文件、JS 文件的相关代码。

此文件中的其他不了解之处无须理会，后续将详细介绍。

（4）打开 index.wxss 文件，其内容如图 1-25 所示，其和普通网页中的 CSS 文件基本类似。

```
index.wxml          index.wxss      ×
1   /**index.wxss**/
2   .userinfo {
3     display: flex;
4     flex-direction: column;
5     align-items: center;
6   }
7
8   .userinfo-avatar {
9     width: 128rpx;
10    height: 128rpx;
11    margin: 20rpx;
12    border-radius: 50%;
13  }
14
15  .userinfo-nickname {
16    color: ▢#aaa;
17  }
18
19  .usermotto {
20    margin-top: 200px;
21  }
```

图 1-25　index.wxss 文件的内容

（5）打开 index.js 文件，其内容如图 1-26 所示，其与普通网页中的 JS 文件还是有较大差别的，这里无须理会这些差别，后续将详细介绍。

```
index.wxml          index.js      ×
1   //index.js
2   //获取应用实例
3   const app = getApp()
4
5   Page({
6     data: {
7       motto: 'Hello World',
8       userInfo: {},
9       hasUserInfo: false,
10      canIUse: wx.canIUse('button.open-type.getUserInfo')
11    },
12    //事件处理函数
13    bindViewTap: function() {
14      wx.navigateTo({
15        url: '../logs/logs'
16      })
17    },
18    onLoad: function () {
19      if (app.globalData.userInfo) {
20        this.setData({
21          userInfo: app.globalData.userInfo,
22          hasUserInfo: true
23        })
```

图 1-26　index.js 文件的内容

【说明】有 Vue.js 开发经验的读者可能会注意到微信小程序与 Vue.js 的语法非常接近，微信小程序的语法更加简洁，功能也有一定的限制，因为其毕竟是在微信平台内运行的项目，还要考虑商业和安全等各种因素。

1.3.2　全局配置文件 app.json

app.json 是当前小程序的全局配置文件，包括小程序的所有页面路径、界面表现、网络超时时间、底部标签等。

【演练 1.6】熟悉全局配置文件 app.json。

（1）在项目根目录下有一个名为"app.json"的文件，app.json是当前小程序的全局配置，包括小程序的所有页面路径、界面表现、网络超时时间、底部标签等，其内容如图1-27所示。

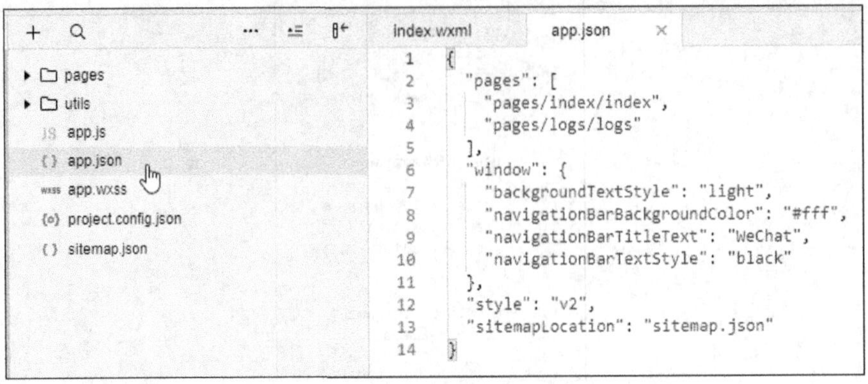

图1-27　app.json文件的内容

（2）pages字段用于注册当前小程序的所有页面，第一个页面是项目的启动页面，本例的微信小程序启动后首先进入的是index页面。

如果有多个页面，则只需说明第一个页面是启动页面，后续页面的顺序没有意义，因为启动程序后就是按照业务逻辑来执行了。

（3）window字段用于定义小程序所有页面的顶部背景颜色、文字内容、文字颜色等。

例 如 ， "navigationBarTitleText":"WeChat"用 于 定 义 顶 部 文 字 为 " WeChat"，"navigationBarTextStyle":"black"用于定义顶部颜色为"黑色"。

（4）app.json定义可以被页面自己的JSON定义取代。如果整个小程序的风格是蓝色调，那么可以在app.json中声明顶部颜色为蓝色，但若某个性化的页面有不一样的色调，则可以利用页面中自身的JSON文件来定义该页面的属性。

1.3.3　sitemap.json配置

微信现已开放小程序内搜索功能，开发者可以通过配置sitemap.json或者管理后台页面收录开关，来设置其小程序页面是否允许微信索引。当开发者允许微信索引时，微信会通过爬虫的形式为小程序的页面内容建立索引。当用户的搜索词条触发该索引时，小程序的页面将可能展示在搜索结果中。若小程序爬虫发现的页面数据和真实用户呈现的不一致，那么该页面将不会进入索引。

小程序根目录下的sitemap.json文件用于配置小程序及其页面是否允许被微信索引，文件内容为一个JSON对象，如果没有sitemap.json，则默认所有页面都允许被索引。

小程序运行时，会在控制台上显示当前页面是否被索引的调试信息。

【演练1.7】配置sitemap.json。

（1）默认sitemap.json的代码如下，表示所有页面都会被微信索引。

```
{
  "rules":[{
    "action": "allow",
    "page": "*"
  }]
}
```

（2）修改 sitemap.json 文件，代码如下，表示配置 index 页面被索引，其余页面不被索引。

```
{
  "rules":[{
    "action": "allow",
    "page": " pages/index/index"
  }, {
    "action": "disallow",
    "page": "*"
  }]
}
```

（3）修改 sitemap.json 文件，代码如下，表示配置 index 页面不被索引，其余页面被索引。

```
{
  "rules":[{
    "action": "disallow",
    "page": "pages/index/index"
  }]
}
```

1.3.4　项目配置文件 project.config.json

通常，在使用一个工具的时候，会针对各自的喜好做一些个性化配置，如界面颜色、编译配置等，当更换另外一台计算机重新安装工具的时候，需要重新配置。考虑到这一点，微信开发者工具在每个项目的根目录下都会生成一个 project.config.json 文件，在工具上做的任何配置都会写入到这个文件中，当重新安装工具或者更换计算机时，只要载入同一个项目的代码包，开发者工具就会自动恢复到开发项目时的个性化配置，包括编辑器的颜色、代码上传时自动压缩等。

【演练 1.8】熟悉项目配置文件 project.config.json。

可以在项目根目录下使用 project.config.json 文件对项目进行配置。其内容如图 1-28 所示，如可以修改 appid、projectname 的值，但通常不需要直接对 project.config.json 文件进行修改。

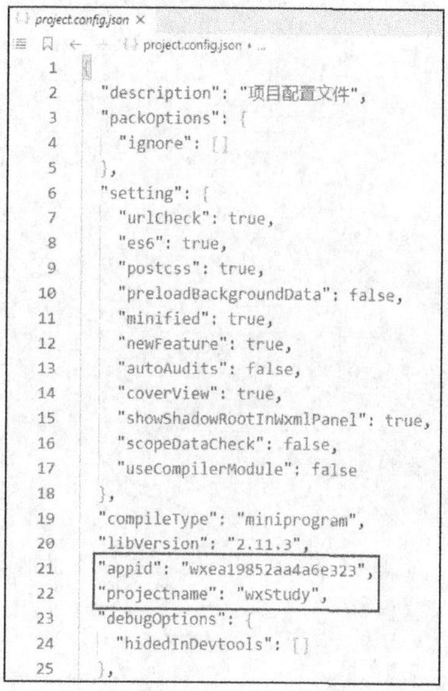

图 1-28　project.config.json 文件的内容

本章思考

1. 会下载并安装微信开发者工具吗？
2. 会使用微信开发者工具新建项目吗？
3. 会使用微信开发者工具导入已有项目（如网上下载的学习资料项目）吗？
4. 大致理解微信小程序的代码构成了吗？

第②章 基本页面和底部导航

本章主要讲解如何在项目中创建和使用新的页面、如何实现底部导航、底部导航如何与相关页面关联以及底部导航图标的含义。

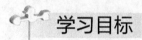 学习目标

- 熟练掌握创建新页面的方法。
- 熟练编写底部导航代码。
- 理解底部导航各属性的含义。
- 进一步熟悉微信开发者工具界面。

2.1 基本页面

前面已经看到了 QuickStart 项目自动创建的页面结构，本节将学习如何创建自己的页面。

2.1.1 创建页面

【演练 2.1】创建自己的页面。

（1）打开在第 1 章中完成的项目或直接创建一个新的项目。

（2）如图 2-1 所示，在目录树中右键单击 "pages" 文件夹，在弹出的快捷菜单中选择 "新建文件夹" 选项，输入文件夹名称 "p1"。

二维码 2-1

图 2-1　新建文件夹

（3）如图 2-2 所示，在目录树中右键单击"p1"文件夹，在弹出的快捷菜单中选择"新建 Page"选项，输入页面名称"p1"，页面名称通常和文件夹的名称相同（不是必须）。

（4）如图 2-3 所示，在"p1"文件夹下将自动生成 4 个文件，分别为"p1.js""p1.json""p1.wxml""p1.wxss"。

【说明】一个文件夹下可以有多个页面，但一个文件夹下通常只存放一个页面。

图 2-2　新建 Page

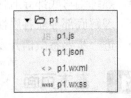

图 2-3　一个页面的 4 个文件

（5）如图 2-4 所示，在目录树中选中"p1.wxml"文件，查看其内容，可以看到文件内容为 text 标签中包含的一段纯文本"pages/p1/p1.wxml"，这段纯文本默认是文件的路径。

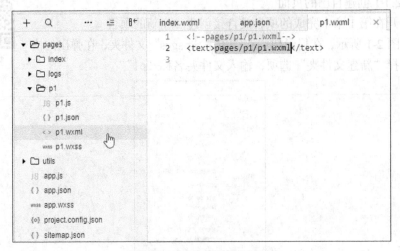

图 2-4　p1.wxml 文件的内容

（6）类似的，再创建两个页面，以便于后续演练。

① 在目录树中右键单击 "pages" 文件夹，在弹出的快捷菜单中选择 "新建文件夹" 选项，输入文件夹名称 "p2"。

② 在目录树中右键单击 "p2" 文件夹，在弹出的快捷菜单中选择 "新建 Page" 选项，输入页面名称 "p2"。

③ 在目录树中右键单击 "pages" 文件夹，在弹出的快捷菜单中选择 "新建文件夹" 选项，输入文件夹名称 "p3"。

④ 在目录树中右键单击 "p3" 文件夹，在弹出的快捷菜单中选择 "新建 Page" 选项，输入页面名称 "p3"。

（7）现在的目录结构如图 2-5 所示，在目录树中选中 "app.json" 文件，可以看到新建页面的同时在 app.json 文件中注册了该页面。

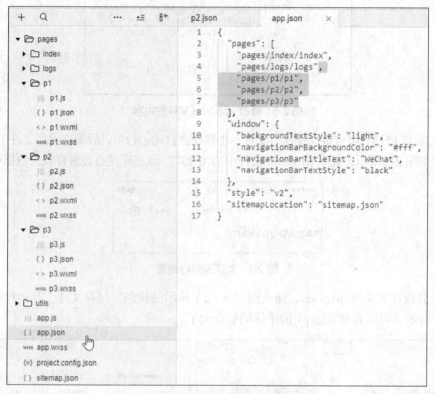

图 2-5　目录结构及 app.json 文件的内容

【说明】如果没有注册页面，则项目中将不能够使用相应的页面。如果删除了某个页面，则通常需要手动删除相应的注册页面代码。如删除了 "p3" 文件夹，则需手动删除 app.json 中的 "pages/p3/p3" 语句，否则运行会报错。

2.1.2　设置启动页面

微信小程序开发工具采用了即时保存并刷新运行结果的方式，所以无须专门的运行操作，直接保存小程序即可，也可单击工具栏中的 "编译" 按钮 ↻。

app.json 中注册的第一个页面就是启动页面。这里的第一个页面是 "pages/index/index"，所以看到的是 index 页面运行的效果。

index 页面的具体内容在这里不做介绍，下面将启动页面设置为"p1"。

【演练 2.2】设置微信小程序启动页面。

（1）修改 app.json 文件的内容，如图 2-6 所示，主要是调整了 p1 页面的顺序。

```
p2.json        app.json      ×    p3.wxml
 1   {
 2      "pages": [
 3        "pages/p1/p1",
 4        "pages/index/index",
 5        "pages/logs/logs",
 6        "pages/p2/p2",
 7        "pages/p3/p3"
 8      ],
 9      "window": {
10        "backgroundTextStyle": "light",
11        "navigationBarBackgroundColor": "#fff",
12        "navigationBarTitleText": "WeChat",
13        "navigationBarTextStyle": "black"
14      },
15      "style": "v2",
16      "sitemapLocation": "sitemap.json"
17   }
```

图 2-6　修改 app.json 文件的内容

（2）按"Ctrl+S"组合键保存所有文件，小程序会自动运行（以后简称保存文件），新页面运行结果如图 2-7 所示，显示 p1.wxml 文件中的纯文本，现在还没有设置样式、数据等内容。

图 2-7　新页面运行结果

（3）修改样式文件 p1.wxss，输入图 2-8（a）所示的代码，保存文件。其运行结果如图 2-8（b）所示，可以看到页面 p1 的字体明显变大了。

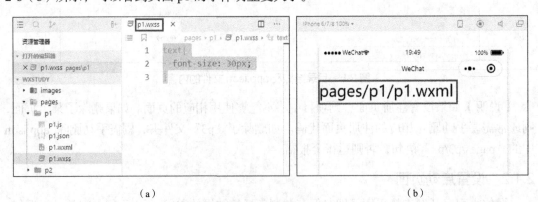

（a）　　　　　　　　　　　　　　　　（b）

图 2-8　修改样式文件

（4）还可以通过编译模式来设置启动页面，此时，项目的启动顺序不会改变，即 app.json 文件中页面的顺序不会改变，但在该编译模式下，项目将按编译模式设定的启动页面运行，从而方便在调试项目时直接进入该页面，而不需要通过项目的首页按逻辑逐层进入，提高了开发效率。

（5）如图 2-9 所示，单击工具栏中的"普通编译"下拉按钮，在弹出的下拉列表中选择"添加编译模式"选项。

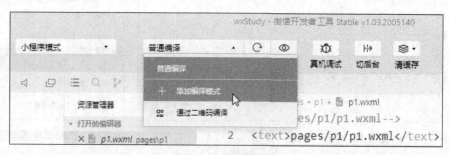

图 2-9　添加编译模式

（6）如图 2-10 所示，在"启动页面"下拉列表中选择某个页面，这里选择"pages/p2/p2"页面。

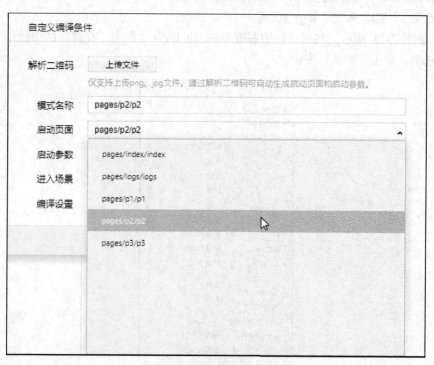

图 2-10　选择启动页面

（7）如图 2-11 所示，单击"确定"按钮，完成设置。

（8）自行观察运行结果，这里为 p2 页面的内容，再检查一下 app.json 文件的内容，发现项目的启动页面仍然为 p1。

（9）如图 2-12 所示，单击工具栏中的"pages/p2/p2"下拉按钮，在弹出的下拉列表中选择"普通编译"选项，回到正常状态。

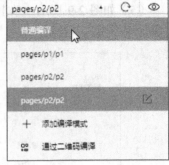

图2-11　单击"确定"按钮　　　　　图2-12　选择"普通编译"选项

2.1.3　删除页面

当由于项目需求变化或其他原因而不再需要某些页面时，可以将这些页面删除。这里演练删除QuickStart项目自动生成的index和logs页面。

【演练2.3】删除index、logs页面。

（1）如图2-13所示，在目录树中右键单击"index"文件夹，在弹出的快捷菜单中选择"删除"选项，单击"确认"按钮。

图2-13　删除页面所在文件夹

（2）类似的，在目录树中右键单击"logs"文件夹，在弹出的快捷菜单中选择"删除"选项，单击"确认"按钮。

（3）删除不存在的页面的注册代码（即图2-14中阴影部分所示的代码），否则运行会出现错误提示："未找到app.json中的定义的pages "pages/index/index"对应的WXML文件"。

【说明】删除了页面对应的文件夹后，需手动在app.json中删除对应的页面注册代码。

图 2-14　删除不存在的页面的注册代码

（4）保存并运行文件，此时应没有错误提示，文件可正常运行。

2.2　底部导航

二维码 2-2

2.2.1　多标签应用

如果希望小程序是一个多标签应用（客户端窗口的底部或顶部有标签栏，可以通过此栏切换页面），则可以通过 tabBar 配置项指定标签栏的表现，以及切换标签时显示的对应页面。底部导航 list 参数可以接收一个数组，需配置最少 2 个、最多 5 个标签。标签的顺序与数组的顺序一致，数组中的每个项都是一个对象。底部导航 list 数组中的属性说明如表 2-1 所示。

表 2-1　底部导航 list 数组中的属性说明

属性	说明
pagePath	页面路径
text	标签上的文字
iconPath	图片路径，图片大小限制为 40KB，建议尺寸为 81px × 81px，不支持网络图片路径
selectedIconPath	选中图片时的图片路径，图片大小限制为 40KB，建议尺寸为 81px × 81px，不支持网络图片路径

下面将讲解多标签应用中底部导航的设计。

2.2.2　设计底部导航

【演练 2.4】创建包含底部导航的项目，该项目包含两个页面。

（1）复制本书配套资源中的 images 文件夹到 wxStudy 目录下。演练中将使用图 2-15 所示的 4 个图片文件。

图 2-15 图片文件

（2）修改 app.json 文件，输入图 2-16 中以方框标注的代码，设置底部导航。

```json
  "window": {
    "backgroundTextStyle": "light",
    "navigationBarBackgroundColor": "#fff",
    "navigationBarTitleText": "WeChat",
    "navigationBarTextStyle": "black"
  },
  "tabBar": {
    "list": [
      {
        "pagePath": "pages/p1/p1",
        "text": "页面1",
        "iconPath": "images/p1.jpg",
        "selectedIconPath": "images/p1s.jpg"
      },
      {
        "pagePath": "pages/p2/p2",
        "text": "页面2",
        "iconPath": "images/p2.jpg",
        "selectedIconPath": "images/p2s.jpg"
      }
    ]
  },
  "style": "v2",
  "sitemapLocation": "sitemap.json"
```

图 2-16 设置底部导航

（3）保存文件，底部导航运行结果如图 2-17 所示。注意，可观察到底部有 2 个标签，选中"页面 1"标签页，将显示"p1"对应的内容，选中"页面 2"标签页，将显示"p2"对应的内容，并可观察到图标的变化。

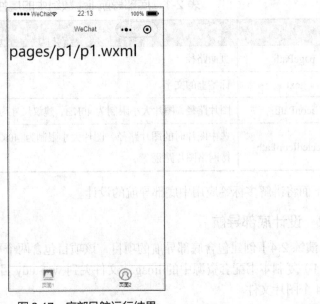

图 2-17 底部导航运行结果

（4）下面介绍微信开发者工具中集成开发环境（Integrated Development Environment, IDE）的部分功能，如图 2-18 所示。自行单击"模拟器""编辑器""调试器"按钮可打开或关闭对应窗口。

图 2-18 "模拟器""编辑器""调试器"按钮

（5）单击"机型"下拉按钮，在弹出的下拉列表中可选择机型（建议使用 iPhone 6/7/8 作为设计模板）和显示比例，单击 ◁ 图标可以模拟开关静音，如图 2-19 所示。

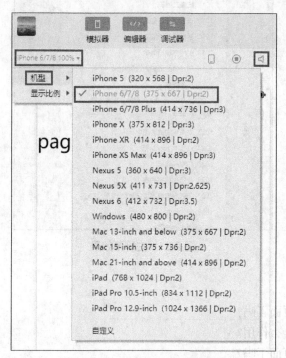

图 2-19 选择机型和显示比例

（6）如图 2-20 所示，单击 □ 图标，选择"Home"选项，模拟主屏幕。

图 2-20 模拟主屏幕

（7）主屏幕效果如图 2-21 所示，其和手机的主屏幕内容没有关联，只是展示一段文本，其中也没有功能，单击任意位置即可返回到小程序，该功能主要用来进行小程序前后台的切换测试。

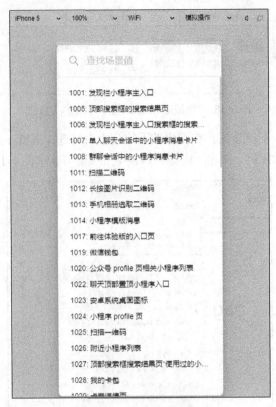

图 2-21　主屏幕效果

本章思考

1. 能熟练创建页面了吗？
2. 注册页面有什么作用？
3. 能熟练删除页面了吗？
4. 能熟练使用底部导航了吗？

第3章 JS 文件

本章将介绍小程序项目对应的 app.js、某个页面对应的 page.js 以及存放公共代码的模块化 JS 文件。

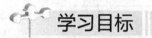
学习目标

- 理解 app.js 中的生命周期函数。
- 掌握 app.js 中的全局变量的用法。
- 理解 page.js 中的生命周期函数。
- 掌握 page.js 中的局部变量的用法。
- 掌握创建和引用模块的方法。

3.1 全局逻辑文件 app.js

app.js 中调用了一个 App()函数。App()函数用来注册小程序，它用于接收一个 Object 参数。其语法格式如下。

```
App({
 ...
})
```

二维码 3-1

App()函数的某些参数用来指定小程序的生命周期函数，常用的函数有以下几种。

onLaunch()：小程序初始化完成时触发，全局只触发一次。

onShow()：小程序启动或从后台进入前台显示时触发。

onHide()：小程序从前台进入后台时触发。

onError()：小程序发生脚本错误或 API 调用出错时触发。

3.1.1 app.js 中的生命周期函数

【演练 3.1】编写代码，观察 app.js 中的生命周期函数。

（1）将 app.js 的原有代码清除，编写图 3-1 所示的代码并保存文件。其实其中只有一行代码，用于调用 App({})注册小程序。

（2）在 App()函数中编写一些代码，以测试 App 的生命周期函数。编写图 3-2 所示的代码并保存文件。观察图 3-2 中的"调试器"标签页，确保选中"Console"标签页，可以看到"onLaunch"和"onShow"两行，表示小程序启动后先后执行了 onLaunch 和 onShow 生命周期函数。

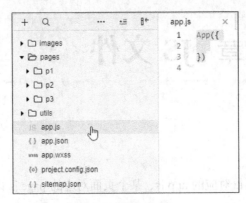

图 3-1　编写 app.js

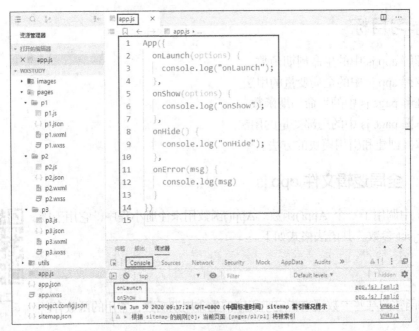

图 3-2　编写代码

（3）如图 3-3 所示，单击模拟器右上角的 ⊙ 图标（或在工具栏中选择"模拟操作"→"Home"选项），切换到主页以模拟小程序切换到后台。

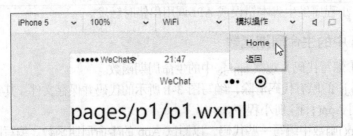

图 3-3　小程序切换到后台

（4）如图 3-4 所示，观察"调试器"的"Console"标签页，其中输出了"onHide"，这是因为小程序切换到了后台，触发了 onHide()生命周期函数。

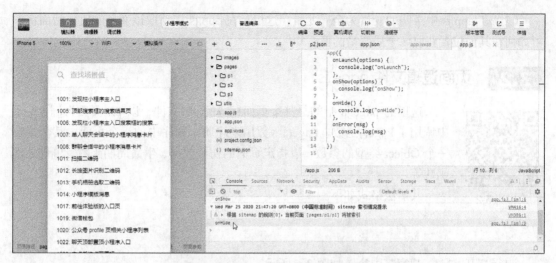

图 3-4 触发了 onHide()生命周期函数

（5）在模拟器中除搜索位置行以外的任意位置单击，小程序将回到前台，再次观察"调试器"的"Console"标签页，其中输出了"onShow"，这是因为小程序切换到了前台，触发了 onShow()生命周期函数。

onLaunch()函数没有再次触发，即 onLaunch()函数仅在小程序载入时触发。

3.1.2 app.js 中的全局变量

【演练 3.2】编写代码以理解 app.js 中的全局变量。

（1）如图 3-5 所示，在 App()函数中添加代码。其中，"data1: '全局变量 1'"声明了一个变量 data1，并在 onLaunch()函数中使用 "console.log(this.data1);" 语句输出该变量的值。在 "Console" 标签页中可以观察到输出了该变量的值。

图 3-5 app.js 中的全局变量

（2）在 app.js 中声明的变量为全局变量，这里是在 app.js 中获取该变量的值，后面将学习如何在其他位置获取该全局变量的值。

3.2 页面逻辑文件 page.js

二维码 3-2

这里的 page.js 指的是某个页面相应的 JS 文件，以 p2 页面为例，p2.js 中调用了 Page()函数。Page()函数用来注册小程序中的一个页面，其会接收一个 Object 类型的参数，以指定页面的初始数据、生命周期函数、事件处理函数等。

其语法格式如下。

```
Page({
  ...
})
```

自行打开 p2.js，观察其内容，如图 3-6 所示。

```
1   // pages/p2/p2.js
2   Page({
3
4     /**
5      * 页面的初始数据
6      */
7     data: {
8
9     },
10
11    /**
12     * 生命周期函数——监听页面加载
13     */
14    onLoad: function (options) {
15
16    },
17
18    /**
19     * 生命周期函数——监听页面初次渲染完成
20     */
21    onReady: function () {
22
23    },
```

图 3-6 p2.js 的内容

从 p2.js 中可以看到 page.js 中常用的属性有如下几个。

① data：页面的初始数据。

② onLoad：监听页面加载。

③ onShow：监听页面显示。

④ onReady：监听页面初次渲染完成。

⑤ onHide：监听页面隐藏。

⑥ onUnload：监听页面卸载。

⑦ onPullDownRefresh：监听用户下拉动作。

⑧ onReachBottom：页面上拉触底事件的处理函数。

⑨ onShareAppMessage：用户进行了转发操作。

⑩ onPageScroll：页面滚动触发事件的处理函数。

⑪ onResize：页面尺寸改变时触发。

⑫ onTabItemTap：当前是标签页时，单击标签时触发。

3.2.1　page.js 中的生命周期函数

【演练 3.3】编写代码以观察 p2.js 中的生命周期函数。

（1）修改 p2.js 文件，添加图 3-7 中下划线所示的两行代码，分别表示当页面显示和隐藏时执行的动作。

```
/**
 * 生命周期函数——监听页面显示
 */
onShow: function () {
  console.log("p2显示");
},

/**
 * 生命周期函数——监听页面隐藏
 */
onHide: function () {
  console.log("p2隐藏");
},
```

图 3-7　p2.js 中的生命周期函数

（2）保存文件。在底部导航中选中"页面 2"标签页，观察图 3-8 中的"调试器"标签页，确保选中"Console"标签页，可以看到"p2 显示"文字。

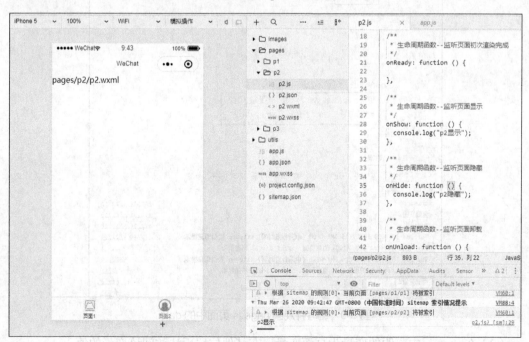

图 3-8　观察结果

（3）在底部导航中选中"页面 1"标签页，观察"调试器"标签页，确保选中"Console"标签页，可以看到"p2 隐藏"文字。

3.2.2　page.js 页面初始数据

data 是页面第一次渲染时使用的初始数据。页面加载时，data 将会以 JSON 字符串的形式由逻辑层传至渲染层，因此 data 中的数据必须是可以转换成 JSON 的类型，可以是字符串、数字、布尔值、对象、数组。

【演练 3.4】编写代码以观察 page.js 页面中的 data。

（1）如图 3-9 所示，修改 p2.js 文件，其中 "var2:" ""声明了一个变量 var2。在 onLoad() 函数中编写如下语句。

```
this.data.var2="页面变量 2";
console.log(this.data.var2);
```

该语句用于输出 data 中变量 var2 的值。

保存并运行文件。在底部导航中选中"页面 2"标签页，观察图 3-9 中的"调试器"标签页，确保选中"Console"标签页，可以看到"页面变量 2"文字。

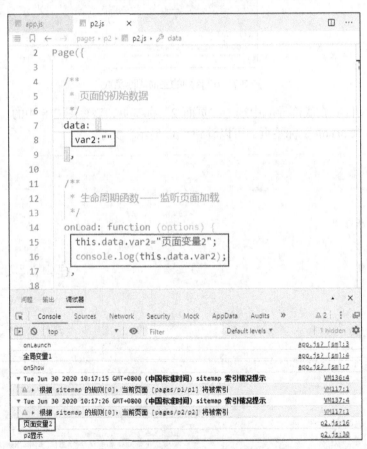

图 3-9　编写并观察 page.js 页面中的 data

（2）在 page.js 中声明的变量为页面变量，在其他位置无法访问该变量的值。

（3）访问全局变量。修改 p2.js 文件，添加图 3-10 中方框所示的代码，保存文件。在底部导航中选中"页面 2"标签页，观察图 3-10 中的"调试器"标签页，确保选中"Console"标签页，可以看到"全局变量 1"文字。

【说明】可以通过 getApp 方法获取全局唯一的 App 实例，并获取其全局变量的值。当然，也可以获取 App 实例的其他内容，如 App 实例的函数。

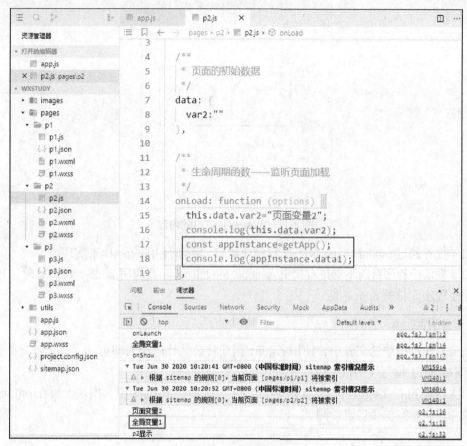

图 3-10 访问全局变量

3.3 模块化

可以将一些公共的代码抽离成为一个单独的 JS 文件，即模块。模块只有通过 module.exports 或者 exports 命令才能对外暴露。

二维码 3-3

3.3.1 创建和暴露模块

这里利用 utils/util.js 文件讲解模块化编程，也可以自行创建一个新的 JS 文件来存放公共代码。

【演练 3.5】编写代码以创建和暴露模块。

（1）修改 utils/util.js 文件，其内容如图 3-11 所示。其中声明了函数 sayHello() 和变量 x，并通过 module.exports 来暴露该模块接口。QuickStart 自动生成的项目中原本有一个示例的接口函数 formatTime。

【说明】在 JavaScript 文件中声明的变量和函数只在该文件中有效；不同的文件中可以声明相同名称的变量和函数，它们不会互相影响。

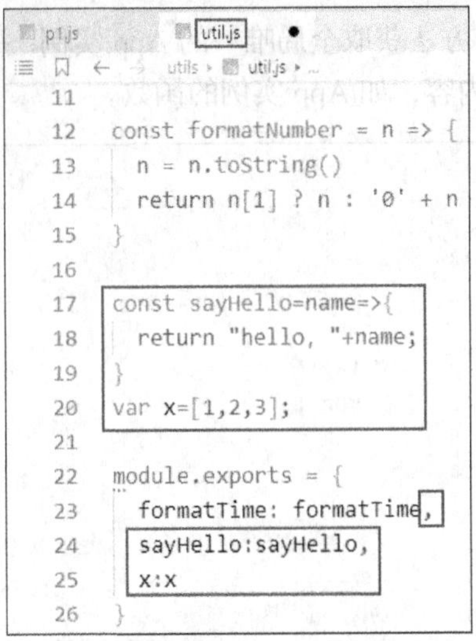

图 3-11　utils/util.js 文件的内容

（2）推荐通过 module.exports 来暴露模块接口，而不使用 exports 来实现。

（3）微信小程序目前不支持直接引入 node_modules，需要使用 node_modules 时，开发者可使用小程序支持的 npm 功能。

3.3.2　引用模块

在需要使用模块的文件中，使用 require 语句将公共代码引入即可。

【演练 3.6】编写代码以引用模块。

（1）修改 pl.js 文件，其内容如图 3-12 所示。先使用 require 引入模块，再在 onLoad()函数中调用模块暴露的接口进行测试。

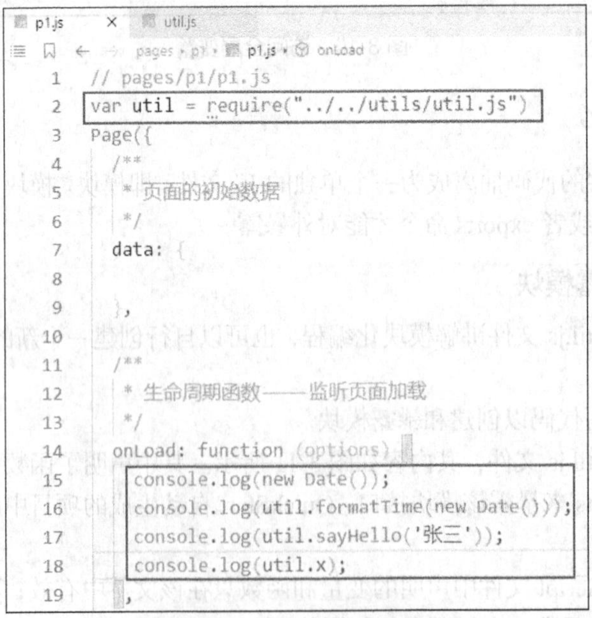

图 3-12　p1.js 文件的内容

（2）保存并运行文件，在控制台上输出如下结果。

```
Mon Jun 29 2020 09:42:04 GMT+0800  (中国标准时间)
p1.js:16 2020/06/29 09:42:04
p1.js:17 hello, 张三
(3) [1, 2, 3]
```

本章思考

1. 理解 App 的生命周期函数了吗？
2. 理解 Page 的生命周期函数了吗？
3. 会使用 app.js 中定义的全局变量了吗？
4. 会创建和引用模块了吗？

第 4 章　WXML 语法

微信标记语言（WeiXin Markup Language，WXML）是微信小程序框架设计的一套标签语言，结合基础组件、事件系统，可以构建出页面的结构。

WXML 具有数据绑定、列表渲染、条件渲染、模板、引用等功能。

学习目标

- 掌握数据绑定的方法。
- 掌握条件渲染的用法。
- 掌握列表渲染的用法。
- 掌握定义及引用模板的方法。
- 掌握 include 引用方式。

4.1　数据绑定

二维码 4-1

微信小程序是通过什么方法来实现数据绑定的呢？例如，一个文本框绑定 JS 文件中 data 声明的变量 value 的值的代码如下。

```
<input value="{{value}}" />
```

如果使用 this.setData({ value: 'leaf' })来更新 value，则 this.data.value 和输入框中显示的值都会被更新为 leaf；但如果用户修改了输入框中的值，则不会同时改变 this.data.value。

数据绑定是单向的，对象状态可以影响视图，但视图变化不会影响对象状态。

【演练 4.1】编写代码以熟悉数据绑定语法。

WXML 中的动态数据均来自对应 Page 的 data。其实现步骤通常如下。

① 在 JS 文件中声明 data，例如：

```
Page({
  data: {
    stuNo: '20200001'
  }
})
```

② 在 WXML 文件中绑定数据，如果是绑定内容，则可使用 Mustache 语法（双大括号）将变量包括起来，例如：

```
<view>{{stuNo}}</view>
```

如果是绑定组件属性，则需将属性包括在双引号之内，例如：

```
<view id="{{stuNo}}"> </view>
```

下面开始具体操作。

（1）打开第 2 章中完成的项目。修改 p1.js 文件，其内容如图 4-1 所示。

代码作用：在 data 部分声明两个简单变量。

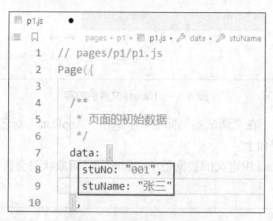

图 4-1　p1.js 文件的内容

（2）修改 p1.wxml 文件，代码如下。保存文件，运行结果如图 4-2 所示。

```
<view>
    <view>-展示 data 数据-</view>
    <view>{{stuNo}}</view>
    <view>{{stuName}}</view>
</view>
```

代码作用："内容"绑定 data 部分声明的变量 stuNo 和 stuName，使用双大括号将变量包括起来。

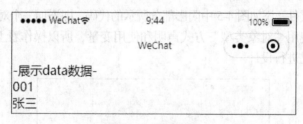

图 4-2　运行结果

（3）编写 p1.wxml，其内容如图 4-3 所示，保存并运行文件。

代码作用："属性"绑定 data 部分声明的变量，使用双大括号和双引号将变量包括起来。

对比观察属性和内容绑定数据的语法，可以看到属性（此处为 id，其他属性类似）需包括在双引号之内。

在"调试器"标签页中选中"Wxml"标签页，在这里可以看到绑定数据后的结果。同时，"模拟器"标签页中会高亮显示该内容。

也可以双击内容或属性的值进行编辑，这样运行时可随时修改变量并观察不同情形下的运行结果，方便调试。当然，这里修改的值都是临时性的，下次运行时将按程序逻辑重新计算。这里修改的值不会影响 Page 中 data 的值。

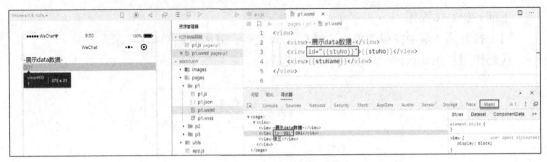

图 4-3　p1.wxml 文件的内容

（4）如图 4-4 所示，在"调试器"标签页中选中"AppData"标签页，修改 stuNo 的值，可以立即反映到运行界面上。

从这里可以看到 data 中定义的数据是单向影响的，对象状态会影响视图，但视图变化不会影响对象状态。

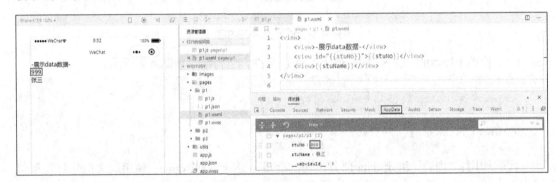

图 4-4　修改 stuNo 的值

（5）修改 p1.js 文件，添加图 4-5 中阴影部分所示的代码，即添加一个对象类型变量 student。

这里为了学习使用"对象类型"方式声明和使用变量，所以操作看上去重复了，实际开发时可根据具体情况进行设计。

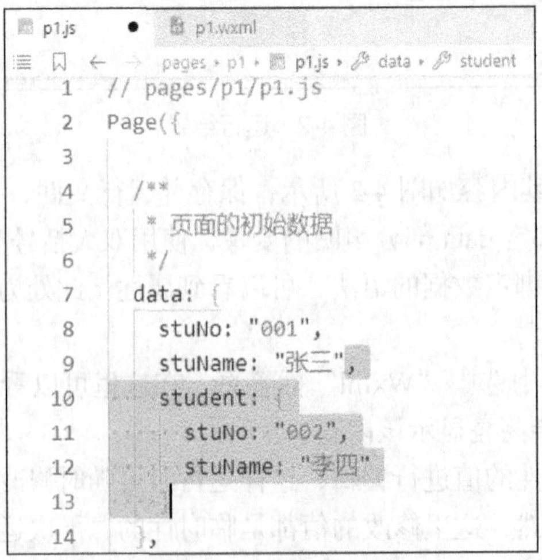

```
1  // pages/p1/p1.js
2  Page({
3
4  /**
5   * 页面的初始数据
6   */
7  data: {
8    stuNo: "001",
9    stuName: "张三",
10   student: {
11     stuNo: "002",
12     stuName: "李四"
13   }
14  },
```

图 4-5　添加一个对象类型变量 student

（6）修改 p1.wxml 文件，使用对象类型声明的数据，如图 4-6 所示。保存文件，观察运行结果。

代码说明：这里学习如何使用对象类型声明的数据。

图 4-6　使用对象类型声明的数据

4.2　条件渲染

wx:if 用于判断某个条件是否成立，如果元素中 wx:if 的返回值为 true，则渲染这个元素，否则不渲染。可以使用 wx:if 控制显示或隐藏元素。其语法格式如下。

二维码 4-2

```
<view wx:if="{{condition}}">展示的内容</view>
```

【演练 4.2】编写代码以熟悉条件渲染语句。

（1）修改 p1.js 文件，添加图 4-7 中阴影部分所示的代码。

代码作用：在 data 部分声明两个布尔变量，用于控制显示、隐藏元素。

```
 7    data: {
 8      stuNo: "001",
 9      stuName: "张三",
10      student: {
11        stuNo: "002",
12        stuName: "李四"
13      },
14      isShow:true,
15      isHidden:true
16    },
```

图 4-7　修改 p1.js 文件

（2）如图 4-8 所示，修改 p1.wxml 文件，添加第一个方框中的代码，保存文件。

在"调试器"标签页中选中"AppData"标签页，单击"isShow"复选框，在选中和未选中之间进行切换，可以看到，当选中该复选框时，会展示相应内容。

同样的，单击"isHidden"复选框，在选中和未选中之间进行切换，可以看到当选中该复选框时，会隐藏相应内容。

可以看到，使用 wx:if 和 hidden 都可以控制是否显示数据，但二者之间是有一些区别的。

因为 wx:if 中的模板可能包含数据绑定语句，所以当 wx:if 的条件值切换时，框架有一个局部渲染的过程，它会确保条件块在切换时销毁或重新渲染。同时，wx:if 是惰性的，如果初始渲染条件为 false，则框架什么也不做，在条件第一次变为真的时候才开始局部渲染。

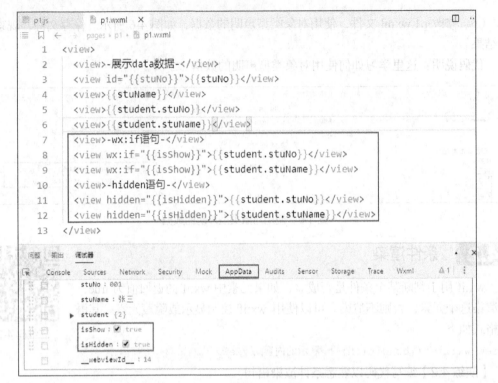

图 4-8　修改 p1.wxml 文件

相比之下，hidden 简单得多，组件始终会被渲染，只是简单地控制数据的显示与隐藏。

一般来说，wx:if 有更高的切换消耗，而 hidden 有更高的初始渲染消耗。因此，在需要频繁切换的情景下，使用 hidden 更好；如果在运行时条件改变频率较小，则使用 wx:if 较好。

（3）修改 p1.wxml 文件，添加 block 语句，如图 4-9 所示。

```
10    <view>-hidden语句-</view>
11    <view hidden="{{isHidden}}">{{student.stuNo}}</view>
12    <view hidden="{{isHidden}}">{{student.stuName}}</view>
13    <view>-block语句-</view>
14    <block wx:if="{{isShow}}">
15      <view>{{student.stuNo}}</view>
16      <view>{{student.stuName}}</view>
17    </block>
18  </view>
```

图 4-9　添加 block 语句

【说明】因为 wx:if 是一个控制属性，所以需要将它添加到一个标签上。如果要一次性判断多个组件标签，则可以使用<block></block>标签将多个组件包装起来，并在其中使用 wx:if 控制属性。例如：

```
<block wx:if="{{true}}">
  <view> view1 </view>
  <view> view2 </view>
</block>
```

【注意】block 语句不会在页面中做任何渲染，只接收控制属性。

（4）也可以使用 wx:else 来进行更多的逻辑控制，如图 4-10 所示。

在"调试器"标签页中选中"AppData"标签页，单击"isShow"复选框，在选中和未选中之间进行切换，可以看到当未选中该复选框时，会显示"其他情况的数据"。

```
13    <view>-block语句-</view>
14    <block wx:if="{{isShow}}">
15      <view>{{student.stuNo}}</view>
16      <view>{{student.stuName}}</view>
17    </block>
18    <block wx:else>
19      <view>其他情况的数据</view>
20    </block>
21    </view>
```

图 4-10　使用 wx:else 进行逻辑控制

4.3　列表渲染

二维码 4-3

在组件上使用 wx:for 控制属性绑定一个数组，就可以使用数组中各项的数据重复渲染该组件。循环时，当前项的变量名默认为 item，当前项的下标变量名默认为 index。其语法格式如下。

```
<view wx:for="{{array}}">
  {{index}}: {{item.字段}}
</view>
```

也可以使用 wx:for-item 指定数组当前元素的默认变量名 item，使用 wx:for-index 指定数组当前下标的默认变量名 index。其语法格式如下。

```
<view wx:for="{{array}}" wx:for-index="idx" wx:for-item="itemName">
  {{idx}}: {{itemName.字段}}
</view>
```

如果列表中项目的位置会动态改变或者有新的项目添加到列表中，并且希望列表中的项目保持自己的特征和状态（如 input 中输入的内容，switch 的选中状态），则需要使用 wx:key 来指定列表中项目的唯一标识符。wx:key 的值以以下两种形式提供。

（1）字符串：表示 for 循环的 array 中 item 的某个 property，该 property 的值需要是列表中唯一的字符串或数字，且不能动态改变。

（2）保留关键字*this：表示 for 循环中的 item 本身。这种表示需要 item 本身是一个唯一的字符串或者数字，实际开发时通常都可满足该条件。

当数据改变触发渲染层重新进行渲染时，会校正带有 key 的组件，框架会确保它们被重新排序，而不是被重新创建，以确保组件保持自身的状态，并提高列表渲染时的效率。

若不提供 wx:key，则会弹出一个警告。如果明确知道该列表是静态的，或者不必关注其顺序，则可以选择忽略该警告。

【演练 4.3】编写代码以熟悉列表渲染语句。

（1）修改 p1.js 文件，添加图 4-11 中方框所示的代码。

代码作用：在 data 部分声明一个 students 数组。

（2）修改 p1.wxml 文件，添加 wx:for 语句，如图 4-12 所示，保存文件。自行观察运行结果，可以看到循环输出了 students 中的每一项，包括 stuNo、stuName 和 index。

```
7       data: {
8         stuNo: "001",
9         stuName: "张三",
10        student: {
11          stuNo: "002",
12          stuName: "李四"
13        },
14        students:[
15          {
16            stuNo: "003",
17            stuName: "王五"
18          },
19          {
20            stuNo: "004",
21            stuName: "陈六"
22          }
23        ],
24        isShow:true,
25        isHidden:true
26      },
```

图 4-11　添加代码

```
18  <block wx:else>
19    <view>其他情况的数据</view>
20  </block>
21  <view>-wx:for语句-</view>
22  <block wx:for="{{students}}" wx:key="stuNo">
23    <view>{{item.stuNo}}--{{item.stuName}}--{{index}}</view>
24  </block>
25  </view>
```

图 4-12　添加 wx:for 语句

4.4　模板

二维码 4-4

　　WXML 提供了模板（template）功能，可以在模板中定义代码片段，并在不同的地方调用这些代码，达到重用的目的。具体操作如下。

　　（1）定义模板。使用 name 属性作为模板的名称，并在<template>内定义代码片段。

```
<template name="studentMsg">
    代码块
</template>
```

　　（2）使用模板。使用 is 属性声明需要使用的模板，并将模板所需要的 data 传入。注意，传入 data 时，item 前面使用 "..." 解构展开。

　　【演练 4.4】编写代码以熟悉如何定义及使用模板。

　　修改 p1.wxml 文件，定义和使用模板，如图 4-13 所示，保存文件，观察运行结果。

　　【说明】

　　① 可以在多个位置使用模板。

　　② 也可以在其他文件中使用模板，参考【演练 4.5】和【演练 4.6】。

　　③ 可将模板定义在单独的文件中，以增加程序的可读性。

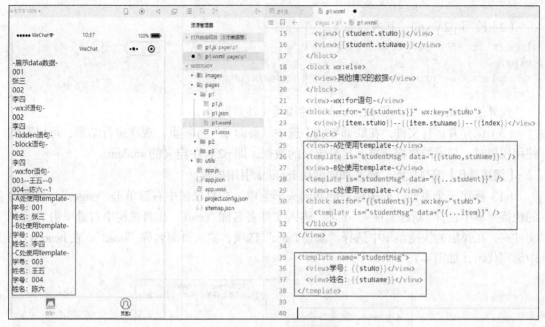

图 4-13　定义和使用模板

4.5　引用

WXML 提供了两种文件引用方式：import 和 include。

import 语句可以使用目标文件中使用 template 语句定义的模板。其语法格式如下。

二维码 4-5

```
<import src="包含模板定义的文件"/>
```

import 有作用域的概念，即只会 import 目标文件中定义的 template。例如，C import B，B import A，C 可以使用 B 定义的 template，B 可以使用 A 定义的 template，但是 C 不能使用 A 定义的 template。

include 可以将目标文件除了<template/>外的整个代码引入，相当于复制除<template/>之外的内容到 include 中。其语法格式如下。

```
<include src="wxml 目标文件"/>
```

【演练 4.5】编写代码，熟悉如何使用 import 引用模板。

（1）修改 p2.js 文件，其内容如图 4-14 所示。

图 4-14　p2.js 文件的内容

（2）改写 p2.wxml，其内容如下。

```
<import src="../p1/p1.wxml" />
<view>
 <template is="studentMsg" data="{{stuNo,stuName}}" />
</view>
```

此处使用 import 引用了 p1.wxml 中的模板（注意路径）。

（3）保存并运行文件，在底部导航中选中"页面 2"标签页，观察运行结果，可以看到使用模板时，显示的数据是页面自身定义的数据，即 p2.js 中定义的 student。

【演练 4.6】编写代码，熟悉如何使用 include 引用模板。

（1）新建一个页面，模拟项目的共同头部菜单。在目录树中右键单击"pages"，在弹出的快捷菜单中选择"新建文件夹"选项，输入文件夹名称"head"。在目录树中右键单击"head"文件夹，在弹出的快捷菜单中选择"新建 Page"选项，输入页面名称"head"。在 head.wxml 中编写代码，如图 4-15 所示。

图 4-15　新建头部菜单页面

（2）修改 p1.wxml 文件，在开始处添加如下代码，表示使用头部菜单。

```
<include src="../head/head.wxml"/>
```

（3）修改 p2.wxml 文件，在开始处添加如下代码，表示使用头部菜单。

```
<include src="../head/head.wxml"/>
```

（4）保存并运行文件，运行结果如图 4-16 所示，页面 1 和页面 2 中有共同的头部菜单。

图 4-16　运行结果

【说明】在项目开发时会有多个页面使用该头部菜单，达到了重用的目的。

本章思考

1. 熟悉数据绑定语法了吗？
2. 能熟练使用 wx:if 和 wx:for 了吗？
3. 理解模板的作用了吗？
4. 理解引用的作用了吗？

第5章 事件及数据传递

本章将介绍事件、页面路由的相关内容。

学习目标

- 熟练掌握进行事件处理的方法。
- 理解事件冒泡机制。
- 在事件中获取组件绑定的附加信息。
- 熟练掌握路由机制。
- 熟练掌握页面之间进行数据传递的方法。

5.1 事件

二维码5-1

事件是视图层到逻辑层的通信方式，事件可以将用户的行为反馈到逻辑层进行处理。事件通常绑定在组件上，当达到事件触发条件时，就会执行逻辑层中对应的事件处理函数。

事件对象可以携带额外信息，如 id、dataset 等。

事件的使用步骤如下。

（1）在组件中绑定一个事件处理函数，如 bindtap，当用户单击该组件的时候，会在该页面对应的 Page 中找到相应的事件处理函数。

（2）在相应的 page.js 中编写相应的事件处理函数。

事件分为冒泡事件和非冒泡事件。

（1）冒泡事件：当一个组件上的事件被触发后，该事件会向父节点传递。

常用的冒泡事件有以下几个。

① touchstart：手指触摸动作开始。

② touchmove：手指触摸后移动。

③ touchcancel：手指触摸动作被打断，如来电提醒、弹窗等。

④ touchend：手指触摸动作结束。

⑤ tap：手指触摸后马上离开。

⑥ longpress：手指触摸后，超过 350ms 再离开，如果指定了事件回调函数并触发了这个事件，则 tap 事件将不被触发。

⑦ longtap：手指触摸后，超过 350ms 再离开（推荐使用 longpress 事件）。

（2）非冒泡事件：当一个组件上的事件被触发后，该事件不会向父节点传递。

常用的非冒泡事件有：form 的 submit 事件、input 的 input 事件、scroll-view 的 scroll 事件。

【演练 5.1】编写代码以掌握使用事件的方法。

（1）打开第 2 章中完成的项目。修改 p1.wxml 文件，将原有代码清除，编写如下代码，保存文件。

```
<view bindtap="tapParent">
  <view bindtap="tap1">test1</view>
  <view data-stu-no="20200001" bind:tap="tap2">test2</view>
  <view catchtap="tap3">test3</view>
</view>
```

代码说明：

① 当绑定一个事件（这里以 tap 事件为例进行说明）时，bindtap 和 bind:tap 两种语法都可以使用。

② bind 和 catch 的差别是 catch 会阻止事件向上冒泡。具体来说，tap 属于冒泡事件，使用 bindtap 将会触发父级的 tap 事件，即触发 tapParent；而使用 catchtap 将会阻止父级的 tap 事件，即阻止 tapParent 执行。

③ 在组件节点中可以附加一些自定义数据。这样，在事件中可以获取自定义的节点数据，用于事件的逻辑处理。在 WXML 中，自定义数据以 data-开头，多个单词由连字符 "-" 连接。在这种写法中，连字符写法会转换成驼峰写法，而大写字符会自动转换成小写字符。

例如，data-stu-no 最终会呈现为 event.currentTarget.dataset.stuNo，data-stuNo 最终会呈现为 event.currentTarget.dataset.stuno。

（2）修改 p1.js 文件，将原有代码清除，编写如下代码，保存文件。

```
Page({
  tap1: function() {
    console.log("tap1");
  },
  tap2: function(event) {
    console.log(event);
    console.log(event.currentTarget.dataset.stuNo);
  },
  tap3: function() {
    console.log("tap3");
  },
  tapParent: function() {
    console.log("parent...");
  }
})
```

（3）运行结果如图 5-1 所示。

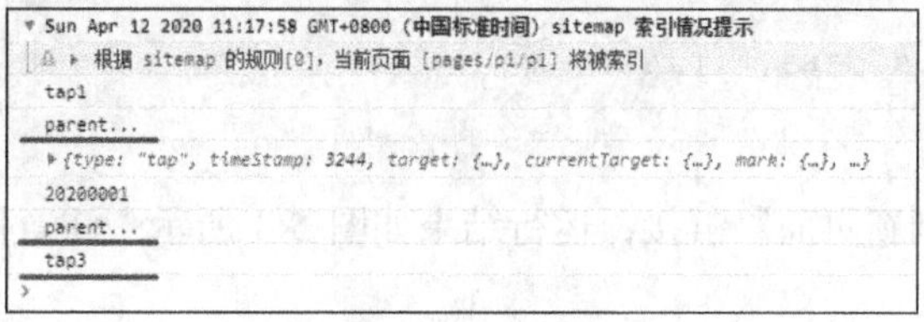

图 5-1　运行结果

选中"test1"，执行"tap1"方法，由于使用的是 bindtap 冒泡事件方式，所以会触发父级容器的 tapParent 方法，故输出了"tap1"和"parent..."。

选中"test2"，执行"tap2"方法，由于使用的是 bindtap，所以会触发父级容器的 tapParent 方法。在 tap2 中，可以通过函数的参数 event 获取大量信息，这里通过自定义数据获取了"stuNo"，具体代码如下。

```
event.currentTarget.dataset.stuNo
```

结果是输出了 event 对象、"20200001"和"parent..."。

选中"test3"，执行"tap3"方法，由于使用的是 catchtap 捕获事件方式，所以不会触发父级容器的 tapParent 方法，仅输出了"tap3"。

5.2 页面路由

二维码 5-2

微信小程序页面路由是指根据路由规则从一个页面跳转到另一个页面。本节将学习如何跳转页面以及如何进行页面传递参数。

5.2.1 navigator 组件路由

【演练 5.2】通过 navigator 组件实现页面跳转。

（1）修改 p1.wxml 文件，其内容如图 5-2 所示。

```
1   <view bindtap="tapParent">
2     <view bindtap="tap1">test1</view>
3     <view data-stu-no="20200001" bind:tap="tap2">test2</view>
4     <view catchtap="tap3">test3</view>
5     <view>
6       <navigator url="../p3/p3?title=navigate" hover-class="navigator-hover">跳转到新页面</navigator>
7       <navigator url="../p3/p3?title=redirect" open-type="redirect" hover-class="other-navigator-hover">在当前页打开</navigator>
8       <navigator url="../p2/p2" open-type="switchTab" hover-class="other-navigator-hover">切换Tab</navigator>
9     </view>
10  </view>
```

图 5-2　p1.wxml 文件的内容

（2）修改 p1.wxss 文件，将原有代码清除，编写如下代码，保存文件。

```
.navigator-hover {
  color:blue;
}
.other-navigator-hover {
  color:red;
}
```

（3）修改 p3.js 文件，将原有代码清除，编写如下代码，保存文件。

```
Page({
  onLoad: function (options) {
    this.setData({
      title: options.title
    });
    console.log(this.data.title);
  }
})
```

（4）单击"跳转到新页面"链接，运行结果如图 5-3 所示，注意鼠标指针的位置，该页面中包含"返回"按钮。

　　该 URL 为 "../p3/p3?title=navigate"，通过 queryString 方式传递了一个参数 "title=navigate"，观察该页面的 p3.js 中的代码，可在 onLoad() 函数中通过参数 options 获取参数 title 的值，所以输出了 "navigate"。

　　（5）单击 "在当前页打开" 链接，运行结果如图 5-4 所示，注意鼠标指针的位置，该页面中包含 "主页" 按钮，控制台会输出 "redirect"。

 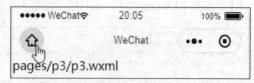

图 5-3　跳转到新页面运行结果　　　　　图 5-4　在当前页打开运行结果

　　（6）单击 "切换 Tab" 链接，运行结果如图 5-5 所示。注意，此处使用了 open-type="switchTab"，当一个页面和底部导航绑定后，只能使用 switchTab 方式进行切换，而没有和底部导航绑定的页面，要使用除 switchTab 之外的方式进行页面跳转。

图 5-5　切换 Tab 运行结果

5.2.2　API 路由

　　常用的页面路由 API 如下。

二维码 5-3

　　（1）wx.navigateTo：保留当前页面，跳转到应用内的某个页面上，但是不能跳到 tabBar 页面。使用 wx.navigateBack 可以返回到原页面。微信小程序中的页面栈最多为 10 层。

　　（2）wx.redirectTo：关闭当前页面，跳转到应用内的某个页面上，但是不允许跳转到 tabBar 页面。

（3）wx.navigateBack：关闭当前页面，返回到上一页面或多级页面。可通过 getCurrentPages 获取当前的页面栈，并决定需要返回几层。

（4）wx.switchTab：跳转到 tabBar 页面，并关闭其他所有非 tabBar 页面。

（5）wx.reLaunch：关闭所有页面，打开到应用内的某个页面。

【演练 5.3】通过 API 路由实现页面跳转。

（1）修改 p1.wxml 文件，其内容如图 5-6 所示。

```
1   <view bindtap="tapParent">
2     <view bindtap="tap1">test1</view>
3     <view data-stu-no="20200001" bind:tap="tap2">test2</view>
4     <view catchtap="tap3">test3</view>
5     <view>
6       <navigator url="../p3/p3?title=navigate" hover-class="navigator-hover">跳转到新页面</navigator>
7       <navigator url="../p3/p3?title=redirect" open-type="redirect" hover-class="other-navigator-hover">在当前页打开</navigator>
8       <navigator url="../p2/p2" open-type="switchTab" hover-class="other-navigator-hover">切换Tab</navigator>
9     </view>
10    <view>
11      <button bindtap="n1">navigateTo</button>
12      <button bindtap="n2">redirectTo</button>
13      <button bindtap="n3">switchTab</button>
14      <button bindtap="n4">reLaunch</button>
15    </view>
16  </view>
```

图 5-6　p1.wxml 文件的内容

（2）修改 p1.js 文件，其内容如图 5-7 所示。

```
1   Page({
2     tap1: function() {
3       console.log("tap1");
4     },
5     tap2: function(event) {
6       console.log(event);
7       console.log(event.currentTarget.dataset.stuNo);
8     },
9     tap3: function() {
10      console.log("tap3");
11    },
12    tapParent: function() {
13      console.log("parent...");
14    },
15    n1: function() {
16      wx.navigateTo({
17        url: '../p3/p3?title=1',
18      })
19    },
20    n2: function () {
21      wx.redirectTo({
22        url: '../p3/p3?title=2',
23      })
24    },
25    n3: function () {
26      wx.switchTab({
27        url: '../p2/p2',
28      })
29    },
30    n4: function () {
31      wx.reLaunch({
32        url: '../p3/p3?title=4',
33      })
34    }
35  })
```

图 5-7　p1.js 文件的内容

（3）保存并运行文件，单击"navigateTo"链接，该页面中包含"返回"按钮。navigateTo

方法中的 URL 为 "../p3/p3?title=1"，所以输出了 "1"。

（4）单击 "redirectTo" 链接，该页面中包含 "主页" 按钮。redirectTo 方法中的 URL 为 "../p3/p3?title=2"，所以输出了 "2"。

（5）单击 "reLaunch" 链接，关闭所有页面，打开应用内的某个页面。

（6）单击 "switchTab" 链接，切换到底部导航绑定的页面 "p2"。

本章思考

1. 理解事件机制了吗？
2. 理解页面路由了吗？
3. 理解页面之间如何通过 queryString 传递参数了吗？

第6章 常用 API 及组件

- 清楚微信小程序 API 的类型，熟悉界面交互 API 的使用。
- 了解地图的操作步骤。
- 熟悉表单组件，并获取表单项的值。

6.1 界面交互 API

微信小程序开发框架提供了丰富的原生 API，可以方便地调用微信提供的功能，如获取用户信息、本地存储、支付等。

二维码 6-1

通常，微信小程序 API 有以下几种类型。

（1）事件监听 API：约定以 on 开头的 API，用来监听某个事件是否触发，如 wx.onSocketOpen、wx.onCompassChange 等。这类 API 接收一个回调函数作为参数，当事件触发时会调用这个回调函数，并将相关数据以参数形式传入。

（2）同步 API：约定以 Sync 结尾的 API，如 wx.setStorageSync、wx.getSystemInfoSync 等。此外，也有其他的同步 API，如 wx.createWorker、wx.getBackgroundAudioManager 等。同步 API 的运行结果可以通过函数返回值直接获取，如果运行出错，则会抛出异常。

（3）异步 API：大多数 API 是异步 API，如 wx.request、wx.login 等。这类 API 通常会接收一个 Object 类型的参数。

（4）界面交互 API。用于实现一些简单的人机交互界面。主要包括 wx.showModal、wx.showToast、wx.showLoading、wx.showActionSheet、wx.setNavigationBarTitle、wx.showTabBarRedDot、wx.setTabBarBadge，这类 API 通常接受一个对象作为参数。

对于以上 4 种 API，事件监听 API 前面已经涉及，项目开发中将涉及同步 API、异步 API，本节将介绍界面交互 API。

【演练 6.1】熟悉常用界面交互 API。

（1）打开第 2 章中完成的项目。

（2）修改 app.json 文件，添加图 6-1 中方框所示的代码。

（3）修改并保存 p1.wxml 文件，代码如下。

```
<view>
  <button bindtap='showModal'>模态对话框</button>
```

```
13      "tabBar": {
14        "list": [{
15          "pagePath": "pages/p1/p1",
16          "text": "界面交互",
17          "iconPath": "images/p1.jpg",
18          "selectedIconPath": "images/p1s.jpg"
19        },
20        {
21          "pagePath": "pages/p2/p2",
22          "text": "地图操作",
23          "iconPath": "images/p2.jpg",
24          "selectedIconPath": "images/p2s.jpg"
25        },
26        {
27          "pagePath": "pages/p3/p3",
28          "text": "常用组件"
29        }
30        ]
31      },
32      "style": "v2",
```

图 6-1　修改 app.json 文件

```
</view>
<view>
  <button bindtap='showToast'>消息提示框</button>
</view>
<view>
  <button bindtap='showLoading'>loading 提示框</button>
</view>
<view>
  <button bindtap='showActionSheet'>操作菜单</button>
</view>
<view>
  <button bindtap='setNavigationBarTitle'>动态设置当前页面的标题</button>
</view>
<view>
  <button bindtap='showTabBarRedDot'>显示 tabBar 某项右上角红点</button>
</view>
<view>
  <button bindtap='setTabBarBadge'>为 tabBar 某项右上角添加文本</button>
</view>
<view>
  <button bindtap='chooseImage' style="background-image:url({{viewBg}})  ;">相
册选择图片或相机拍照</button>
</view>
<view>
  <button bindtap='scanCode' style="background-image:url({{viewBg}})  ;">扫码
</button>
</view>
```

（4）修改并保存 p1.wxss 文件，代码如下。

```
view {
  padding: 5px;
}
```

（5）修改并保存 p1.js 文件，代码如下。

```
Page({

  /**
   * 页面的初始数据
   */
  data: {
    viewBg:''
  },
  showModal: function() {
    wx.showModal({
      title: '提示',
      content: '这是一个模态弹窗',
      success(res) {
        if (res.confirm) {
          console.log('用户单击"确定"按钮')
        } else if (res.cancel) {
          console.log('用户单击"取消"按钮')
        }
      }
    })
  },
  showToast: function() {
    wx.showToast({
      title: '成功',
      icon: 'success',
      duration: 2000
    })
  },
  showLoading: function() {
    wx.showLoading({
      title: '加载中',
    })

    setTimeout(function() {
      wx.hideLoading()
    }, 2000)
  },
  showActionSheet: function() {
    wx.showActionSheet({
      itemList: ['A', 'B', 'C'],
      success(res) {
        console.log(res.tapIndex)
      },
      fail(res) {
        console.log(res.errMsg)
```

```
    }
  })
},
setNavigationBarTitle: function() {
  wx.setNavigationBarTitle({
    title: '当前页面'
  })
},
showTabBarRedDot: function() {
  wx.showTabBarRedDot({
    index: 1
  })
  // wx.hideTabBarRedDot({
  //   index: 1
  // })
},
setTabBarBadge: function() {
  wx.setTabBarBadge({
    index: 0,
    text: '10'
  })
  // wx.removeTabBarBadge({
  //   index: 0
  // })
},
chooseImage:function(){
  var _self=this;
  wx.chooseImage({
    count: 1,
    sizeType: ['original', 'compressed'],
    sourceType: ['album', 'camera'],
    success(res) {
      // tempFilePath 可以作为 img 标签的 src 属性来显示图片
      const tempFilePaths = res.tempFilePaths;
      _self.setData({
        viewBg: tempFilePaths
      })
    }
  })
},
scanCode: function () {
  // 允许从相机和相册中扫码
  wx.scanCode({
    success(res) {
      console.log(res)
    }
  })

  // 只允许从相机中扫码
  // wx.scanCode({
  //   onlyFromCamera: true,
```

```
    //    success(res) {
    //      console.log(res)
    //    }
    // })
  },
  /**
   * 生命周期函数——监听页面加载
   */
  onLoad: function(options) {

  },

  /**
   * 生命周期函数——监听页面初次渲染完成
   */
  onReady: function() {

  },

  /**
   * 生命周期函数——监听页面显示
   */
  onShow: function() {

  },

  /**
   * 生命周期函数——监听页面隐藏
   */
  onHide: function() {

  },

  /**
   * 生命周期函数——监听页面卸载
   */
  onUnload: function() {

  },

  /**
   * 页面相关事件处理函数——监听用户下拉动作
   */
  onPullDownRefresh: function() {

  },

  /**
   * 页面上拉触底事件的处理函数
   */
  onReachBottom: function() {
```

```
  },
  /**
   * 用户分享操作
   */
  onShareAppMessage: function() {
    return {
      title: '我的转发标题...',
      path: '/pages/test/test',
      success: function(res) {
        console.log('成功', res)
      }
    }
  }
})
```

（6）保存并运行文件，运行结果如图 6-2 所示。

（7）单击"模态对话框"按钮，如图 6-3 所示。

图 6-2 运行结果

图 6-3 模态对话框

该功能的代码如下。

```
wx.showModal({
  title: '提示',
  content: '这是一个模态弹窗',
  success(res) {
    if (res.confirm) {
      console.log('用户单击"确定"按钮')
    } else if (res.cancel) {
```

```
        console.log('用户单击"取消"按钮')
    }
  }
})
```

单击"确定"按钮或"取消"按钮，在控制台上观察运行结果，可通过 res.confirm 判断单击的是"确定"按钮还是"取消"按钮，从而执行相应的业务逻辑。

（8）单击"消息提示框"按钮，如图 6-4 所示。

图 6-4 消息提示框

该功能的代码如下。

```
wx.showToast({
  title: '成功',
  icon: 'success',
  duration: 2000
})
```

其中，icon 为通知图标，duration 为通知持续时间，单位为秒。

（9）单击"loading 提示框"按钮，如图 6-5 所示。

该功能的代码如下。

```
wx.showLoading({
  title: '加载中',
})

setTimeout(function () {
  wx.hideLoading()
}, 2000)
```

这里将加载和隐藏加载写在一起，可根据具体业务逻辑组织相应代码。

图 6-5　loading 提示框

（10）单击"操作菜单"按钮，如图 6-6 所示。

图 6-6　操作菜单

该功能的代码如下。

```
wx.showActionSheet({
  itemList: ['A', 'B', 'C'],
  success(res) {
    console.log(res.tapIndex)
  },
  fail(res) {
    console.log(res.errMsg)
  }
})
```

选择操作菜单中的某一项，在控制台上观察结果，可看到选择的选项的索引号，实现具体业务时，可根据 res.tapIndex 来判断选择了哪个选项。

（11）单击"动态设置当前页面的标题"按钮，如图 6-7 所示，将标题设置为"当前页面"。

图 6-7　动态设置当前页面的标题

该功能的代码如下。

```
wx.setNavigationBarTitle({
  title: '当前页面'
})
```

（12）单击"显示 tabBar 某项右上角红点"按钮，如图 6-8 所示，底部导航中某标签页的右上方出现一个小红点。

该功能的代码如下。

```
wx.showTabBarRedDot({
  index: 1
})
// wx.hideTabBarRedDot({
//    index: 1
// })
```

图 6-8　显示 tabBar 某项右上角红点

其中，index 表示底部导航的索引号（从 0 开始），如果需要隐藏该项右上角的红点，则使用注释部分的代码。

（13）单击"为 tabBar 某项右上角添加文本"按钮，如图 6-9 所示，底部导航中某标签页的右上方会出现一个数字角标。

图 6-9　为 tabBar 某项右上角添加文本

该功能的代码如下。

```
wx.setTabBarBadge({
  index: 0,
  text: '10'
})
// wx.removeTabBarBadge({
//   index: 0
// })
```

其中，index 表示底部导航的索引号（从 0 开始），如果需要隐藏该项右上角的文本，则使用注释掉的代码。

（14）后续功能使用手机进行测试的效果更好。如图 6-10 所示，单击"预览"按钮，进行扫描二维码预览，用手机上的微信扫描二维码。

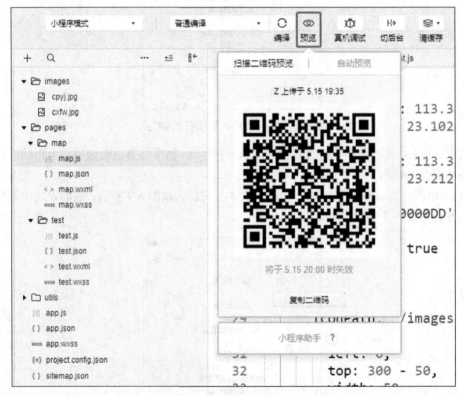

图 6-10　扫描二维码预览

（15）如图 6-11 所示，确保打开调试。

（16）单击"相册选择图片或相机拍照"按钮，如图 6-12 所示，可以继续选择"拍照"或"从手机相册选择"选项。

该功能的代码如下。

```
var _self = this;
wx.chooseImage({
  count: 1,
  sizeType: ['original', 'compressed'],
  sourceType: ['album', 'camera'],
```

```
success(res) {
    // tempFilePaths 变量作为 img 标签的 src 属性来显示图片
    const tempFilePaths = res.tempFilePaths;
    _self.setData({
      viewBg: tempFilePaths
    })
  }
})
```

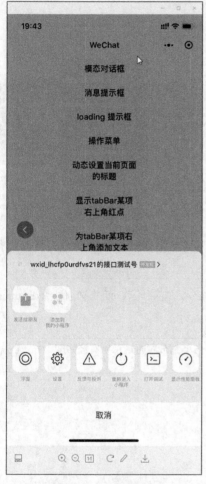

图 6-11　打开调试

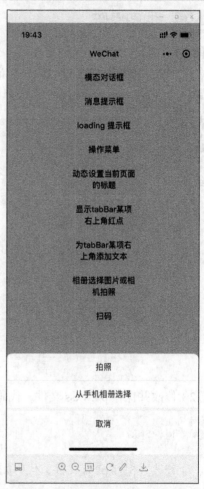

图 6-12　相册选择图片或相机拍照

其中，data 中的变量 viewBg 保存了图片的文件路径。

（17）单击"扫码"按钮，自行在手机上观察结果。

该功能的代码如下。

```
// 允许从相机和相册中扫码
wx.scanCode({
  success(res) {
    console.log(res)
  }
})
```

```
// 只允许从相机中扫码
// wx.scanCode({
//    onlyFromCamera: true,
//    success(res) {
//      console.log(res)
//    }
// })
```

6.2 地图操作

【演练6.2】实现常用地图操作。

（1）修改并保存 p2.wxml 文件，代码如下。

二维码6-2

```
<map id="myMap" longitude="113.324520" latitude="23.099994" scale=
"14" controls="{{controls}}" bindcontroltap="controltap" markers=
"{{markers}}" bindmarkertap="markertap" polyline="{{polyline}}"
bindregionchange="regionchange" show-location style="width: 100%;
height:
300px;"></map>
<view>
  <button bindtap='chooseLocation'>打开地图选择位置</button>
</view>
<view>
  <button bindtap='getLocation'>获取当前的地理位置、速度</button>
</view>
<view>
  <button bindtap='moveToLocation'>将地图中心移动到当前定位点</button>
</view>
<view>
  <button bindtap='includePoints'>缩放视野展示所有经纬度</button>
</view>
```

（2）修改并保存 p2.wxss 文件，代码如下。

```
view {
  padding: 5px;
}
```

（3）修改并保存 p2.js 文件，代码如下。

```
Page({

  /**
   * 页面的初始数据
   */
  data: {
  markers: [{
    iconPath: '/images/cpyj.jpg',
    id: 0,
    latitude: 23.099994,
    longitude: 113.324520,
    width: 50,
```

```
    height: 50
   }],
   polyline: [{
    points: [{
     longitude: 113.3245211,
     latitude: 23.10229
    }, {
     longitude: 113.324520,
     latitude: 23.21229
    }],
    color: '#FF0000DD',
    width: 2,
    dottedLine: true
   }],
   controls: [{
    id: 1,
    iconPath: '/images/cxfw.jpg',
    position: {
     left: 0,
     top: 300 - 50,
     width: 50,
     height: 50
    },
    clickable: true
   }]
  },
  regionchange(e) {
   console.log(e.type)
  },
  markertap(e) {
   console.log(e.markerId)
  },
  controltap(e) {
   console.log(e.controlId)
  },
  chooseLocation: function () {
   var _this = this;
   wx.chooseLocation({
    success: function (res) {
     console.log(res)
    },
    complete(r) {
     console.log(r)
    }
   })
  },
  getLocation: function () {
   wx.getLocation({
    type: 'gcj02', //wgs84用于返回 GPS 坐标，gcj02 返回可用于 wx.openLocation 的
```

```
坐标
  success(res) {
    const latitude = res.latitude
    const longitude = res.longitude
    const speed = res.speed
    const accuracy = res.accuracy
    wx.openLocation({
      latitude,
      longitude,
      scale: 18
    })
  }
})
},
/**
 * 生命周期函数——监听页面加载
 */
onLoad: function (options) {

},

/**
 * 生命周期函数——监听页面初次渲染完成
 */
onReady: function () {
  this.mapCtx = wx.createMapContext('myMap')
},
moveToLocation: function () {
  this.mapCtx.moveToLocation()
},
includePoints: function () {
  this.mapCtx.includePoints({
    padding: [10],
    points: [{
      latitude: 23.10229,
      longitude: 113.3345211,
    }, {
      latitude: 23.00229,
      longitude: 113.3345211,
    }]
  })
}
})
```

（4）保存并运行文件，使用手机进行测试。单击"预览"按钮，用手机上的微信扫描二维码。

（5）确保手机微信小程序打开调试。

（6）单击"打开地图选择位置"按钮，如图6-13所示。

（7）单击"获取当前的地理位置、速度"按钮，如图 6-14 所示，在手机上单击"去这里"图标，将调用手机上的导航软件。

图 6-13　打开地图选择位置

图 6-14　获取当前的地理位置、速度

（8）单击"将地图中心移动到当前定位点"按钮，自行观察运行结果。

（9）单击"缩放视野展示所有经纬度"按钮，自行观察运行结果。

6.3　常用组件

常用组件是 WXML 的一些基本标签，如 view、input 等。在微信小程序中，很多标签带有自己的效果，可以实现一些简单的 JS 逻辑。

二维码 6-3

一个微信小程序页面可以分解成多个组成部分，组件就是微信小程序页面的基本组成单元。为了让开发者快速进行开发，微信小程序的宿主环境中提供了一系列基础组件。

组件在 WXML 模板文件声明中使用，WXML 的语法和 HTML 语法相似，微信小程序使用标签名来引用一个组件，通常包含开始标签和结束标签，该标签的属性用来描述该组件。

实际上，前面已经用到了部分组件，这里来学习一些常用组件。

【**演练** 6.3】熟悉常用组件。

（1）修改 p3.wxml 文件，代码如下。

```
<view>
 <view>
  <form catchsubmit="formSubmit" catchreset="formReset">
   <view>
    <view>switch</view>
    <switch name="switch" />
   </view>

   <view>
    <view>radio</view>
    <radio-group name="radio">
     <label>
      <radio value="radio1" />选项一</label>
     <label>
      <radio value="radio2" />选项二</label>
    </radio-group>
   </view>

   <view>
    <view>checkbox</view>
    <checkbox-group name="checkbox">
     <label>
      <checkbox value="checkbox1" />选项一</label>
     <label>
      <checkbox value="checkbox2" />选项二</label>
    </checkbox-group>
   </view>

   <view>
    <view>slider</view>
    <slider value="50" name="slider" show-value></slider>
   </view>

   <view>
    <view>input</view>
    <view>
     <view>
      <view style="margin: 30rpx 0">
       <input name="input" placeholder="这是一个输入框" />
      </view>
     </view>
    </view>
   </view>

   <view>
```

```
    <button style="margin: 30rpx 0" type="primary" formType="submit">提交
</button>
    <button style="margin: 30rpx 0" formType="reset">重置</button>
  </view>
  </form>
</view>

</view>
```

（2）修改 p3.js 文件，代码如下。

```
Page({
 data: {

 },

 formSubmit(e) {
  console.log('form 发生了 submit 事件，携带数据为：', e.detail.value)
 },

 formReset(e) {
  console.log('form 发生了 reset 事件，携带数据为：', e.detail.value)
 }
})
```

（3）保存并运行文件，在底部导航中选中"常用组件"标签页，单击"提交"或"重置"按钮，运行结果如图 6-15 所示，注意观察单击"提交"按钮后控制台的输出结果。

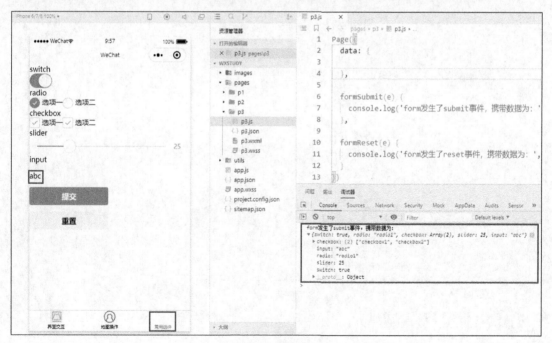

图 6-15　运行结果

本章思考

1. 熟悉常用界面交互 API 了吗？
2. 了解地图常用操作步骤了吗？
3. 熟悉常用组件了吗？

第 7 章　调用 API 开发新闻小程序

本章通过开发一款新闻小程序，综合掌握开发微信小程序的知识点，包括设计轮播图、获取新闻数据、展示新闻列表、显示新闻详情等。

学习目标

- 熟悉 swiper 轮播图组件。
- 熟悉调用 API 获取数据的方法。
- 理解页面之间参数传递的用法和意义。
- 对后台有初步的认识。
- 熟悉轮播图。
- 理解如何按需加载更多数据。

7.1　创建新闻小程序项目

【演练 7.1】新建项目。

（1）为项目准备好一个空的文件夹，如编者在桌面上新建了一个文件夹 "news"。

（2）运行微信开发者工具，新建项目。如图 7-1 所示，在 "目录" 下拉列表中选择 "news" 文件夹，在 "AppID" 文本框中输入开发者的 "AppID"，为练习方便，单击 "测试号" 链接即可，单击 "新建" 按钮。

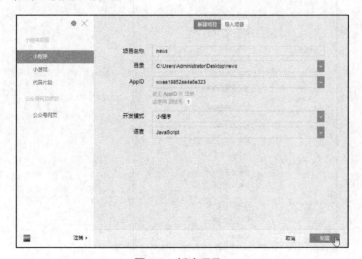

二维码 7-1

图 7-1　新建项目

（3）复制本书配套资源中的"images"文件夹到项目根目录下，准备好项目所需要的一些图片资源。

（4）本项目包括两个页面："list"页面用于展示新闻列表、"info"页面用于展示某条新闻的详情。下面先准备好这两个页面。如图 7-2 所示，右键单击"pages"文件夹，在弹出的快捷菜单中选择"新建文件夹"选项，输入文件夹名称"list"，按 Enter 键。

图 7-2　新建文件夹

（5）如图 7-3 所示，右键单击"list"，在弹出的快捷菜单中选择"新建 Page"选项，输入页面名称"list"，自动生成 4 个文件。

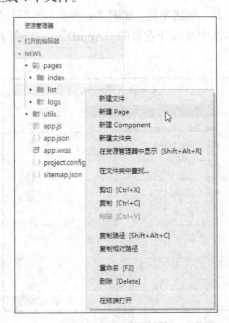

图 7-3　新建 Page

（6）右键单击 "pages"，在弹出的快捷菜单中选择 "新建文件夹" 选项，输入文件夹名称 "info"，按 Enter 键。

（7）右键单击 "info"，在弹出的快捷菜单中选择 "新建 Page" 选项，输入页面名称 "info"，自动生成 4 个文件。

（8）修改 app.json 文件，如图 7-4 所示。

```
{
  "pages": [
    "pages/list/list",
    "pages/info/info"
  ],
  "window": {
    "backgroundTextStyle": "light",
    "navigationBarBackgroundColor": "#fff",
    "navigationBarTitleText": "Weixin",
    "navigationBarTextStyle": "black"
  },
  "style": "v2",
  "sitemapLocation": "sitemap.json"
}
```

图 7-4 修改 app.json 文件

（9）右键单击 "index" 文件夹，在弹出的快捷菜单中选择 "删除" 选项，单击 "确定" 按钮。

（10）右键单击 "logs" 文件夹，在弹出的快捷菜单中选择 "删除" 选项，单击 "确定" 按钮。

（11）运行结果如图 7-5 所示，可以看到 "list" 为首页。

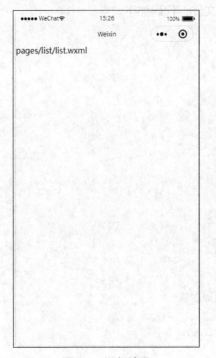

图 7-5 运行结果

7.2 新闻列表设计

【演练 7.2】设计新闻小程序的新闻列表页面。

（1）修改并保存 list.wxml 文件，代码如下。

```
<view>
  <swiper indicator-dots='{{true}}' autoplay='{{true}}' style='height:180px;'>
    <block wx:for='{{imgUrls}}' wx:key='index'>
      <swiper-item>
        <image src='{{item}}' style='width:100%; height:100%;'></image>
      </swiper-item>
    </block>
  </swiper>
</view>
<view>
  <navigator url="../info/info?artid={{item.article_id}}" wx:for="{{news}}"
wx:key='index'>
    <view style="display:flex;margin:5px">
      <view style="width:100px;height:auto">
        <image style="height:100%;width:100%" src="{{'http://static.hcoder.
net/' + item.article_img_url}}" ></image>
      </view>
      <view style="flex:1;margin:5px">{{item.article_title}}</view>
    </view>
  </navigator>
</view>
```

（2）修改并保存 list.js 文件，代码如下。

```
var _self
Page({

  /**
   * 页面的初始数据
   */
  data: {
    imgUrls: [
      "/images/1.jpg",
      "/images/2.jpg",
      "/images/3.jpg",
    ],
    news:[]
  },

  /**
   * 生命周期函数——监听页面加载
   */
  onLoad: function (options) {
    _self = this
    this.getList()
```

```
  },
  getList : function(){
    wx.request({
      url: 'http://api.hcoder.net/api/index.php?token=5a7d3fec77613-100001&c=
article&m=articleList',
      methods: 'GET',
      header: { "Content-Type": "json" },
      success:function(res){
        _self.setData({ news: res.data.data})
      }
    })
  },
  /**
   * 生命周期函数——监听页面初次渲染完成
   */
  onReady: function () {

  },

  /**
   * 生命周期函数——监听页面显示
   */
  onShow: function () {

  },

  /**
   * 生命周期函数——监听页面隐藏
   */
  onHide: function () {

  },

  /**
   * 生命周期函数——监听页面卸载
   */
  onUnload: function () {

  },

  /**
   * 页面相关事件处理函数——监听用户下拉动作
   */
  onPullDownRefresh: function () {

  },

  /**
   * 页面上拉触底事件的处理函数
```

```
    */
onReachBottom: function () {

},

/**
 * 用户点击右上角分享
 */
onShareAppMessage: function () {

  }
})
```

（3）如图 7-6 所示，单击"详情"按钮，选中"本地设置"标签页，注意图中鼠标指针所在的位置，选中"不校验合法域名、web-view（业务域名）、TLS 版本以及 HTTPS 证书"复选框。

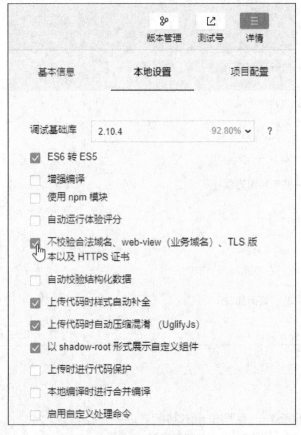

图 7-6　本地设置

【说明】微信的 request 的请求必须有合法域名，否则请求不成功。如果是实际项目开发，则需要以管理员身份登录微信小程序后台，将要请求的域名设置为请求合法域名。开发或学习阶段按照以上步骤进行配置即可。

（4）首页运行结果如图 7-7 所示。注意观察，头部为轮播图，其余为新闻列表。

图 7-7　新闻列表运行效果

7.3　新闻详情页面设计

【演练 7.3】设计新闻详情页面。

（1）编辑 info.wxml 文件，代码如下。

```
<view style="padding:10px;line-height:2em">
  <block wx:for="{{artInfo.article_content}}" wx:key='index'>
    <view wx:if="{{item.type == 'txt'}}">
      {{item.content}}
    </view>
    <image src='{{item.content}}' wx:if="{{item.type == 'img'}}" style='width:
100%;' mode='widthFix'></image>
  </block>
</view>
```

（2）修改并保存 info.js 文件，代码如下。

```
var artid = 0,
   _self
Page({

   // 页面的初始数据
  data: {
    artInfo: []
  },
```

```
   // 生命周期函数——监听页面加载
 onLoad: function (options) {
   _self = this
   artid = options.artid
   this.getInfo()
 },
 getInfo: function () {
   wx.request({
     url: 'http://api.hcoder.net/api/index.php?token=5a7d3fec77613-100001&c=
article&m=articleInfoForWx&artid=' + artid,
     success: function (res) {
       wx.setNavigationBarTitle({
         title: res.data.data.article_title
       })
       _self.setData({
         artInfo: res.data.data
       });
     }
   });
 },
   // 生命周期函数——监听页面初次渲染完成
 onReady: function () {

 },

   // 生命周期函数——监听页面显示
 onShow: function () {

 },

   // 生命周期函数——监听页面隐藏
 onHide: function () {

 },

   // 生命周期函数——监听页面卸载
 onUnload: function () {

 },

   // 页面相关事件处理函数——监听用户下拉动作
 onPullDownRefresh: function () {

 },

   // 页面上拉触底事件的处理函数
 onReachBottom: function () {

 },
```

```
    // 用户点击右上角分享
onShareAppMessage: function () {

    }
})
```

（3）保存并运行文件，运行结果如图 7-8 所示。当在首页中单击某条新闻标题后，将显示该新闻的详细信息。

图 7-8　新闻详情页面运行结果

本章思考

1. 能熟练使用 swiper 轮播图组件了吗？
2. 能熟练使用 wx.request 发起 HTTPS 网络请求吗？
3. 理解 onLoad:function(options)生命周期函数中的 options 参数了吗？

第 8 章 使用 PHP+MySQL 设计 API

通过读者熟悉的选课操作来设计选课小程序，数据库使用 MySQL，后台编程语言使用 PHP，目标是用最简单的后台代码加微信小程序使读者理解从前端到后台的整个开发流程。

学习目标

- 理解数据库、表等概念。
- 理解 PHP 如何访问 MySQL 数据库。
- 理解在微信小程序中如何请求后台数据。

8.1 安装及配置 XAMPP

XAMPP（Apache+MySQL+PHP+PERL）是一个功能强大的建站集成软件包。它可以在 Windows、Linux、Solaris、Mac OS X 等操作系统中安装及使用，支持多语言。XAMPP 非常容易安装和使用：只需下载、解压、适当配置、启动即可。

二维码 8-1 　　　【演练 8.1】XAMPP 下载和安装。

（1）如图 8-1 所示，在搜索引擎上搜索 XAMPP 官网，下载所需版本。

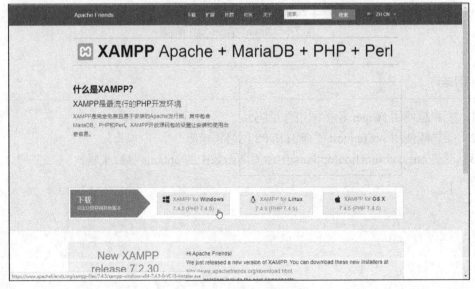

图 8-1　下载 XAMPP

（2）等待下载结束，运行下载好的安装程序。

（3）弹出"Setup"对话框，单击"Next"按钮，如图 8-2 所示。

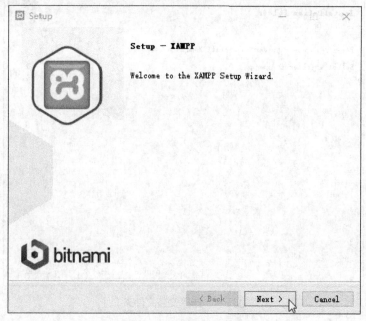

图 8-2 "Setup"对话框

（4）如图 8-3 所示，选择组件，保持默认选择，单击"Next"按钮。

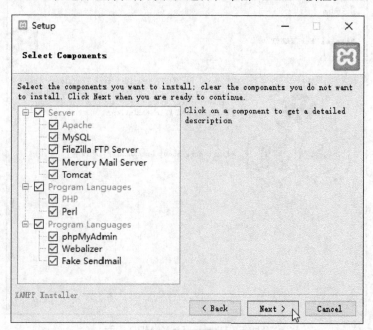

图 8-3 选择组件

（5）如图 8-4 所示，选择安装文件夹，这里使用默认路径"C:\xampp"，单击"Next"按钮。

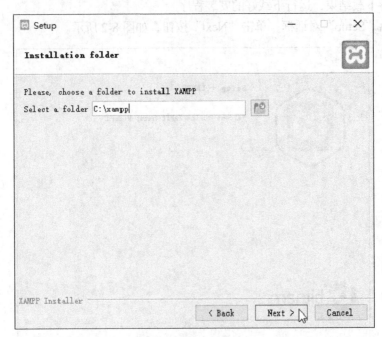

图 8-4　选择安装文件夹

（6）如图 8-5 所示，进入 Bitnami for XAMPP 界面，保持默认选择，单击"Next"按钮。

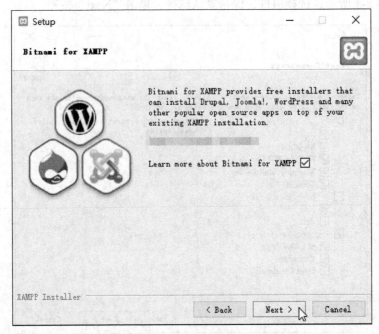

图 8-5　Bitnami for XAMPP 界面

（7）如图 8-6 所示，进入 Ready to Install 界面，单击"Next"按钮。

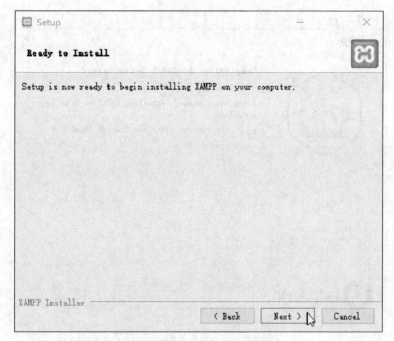

图 8-6　Ready to Install 界面

（8）如图 8-7 所示，显示安装中，需等待一段时间。

图 8-7　安装中

（9）如图 8-8 所示，安装完成，单击"Finish"按钮。

（10）系统将自动运行。以后可运行"C:\xampp\xampp-control.exe"来启动 XAMPP，如图 8-9 所示。

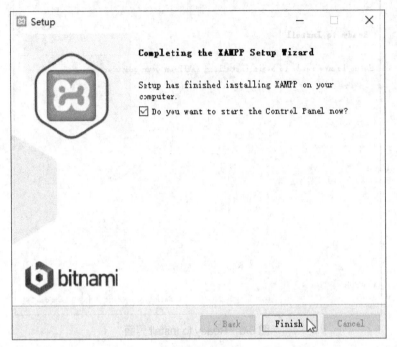

图 8-8　安装完成

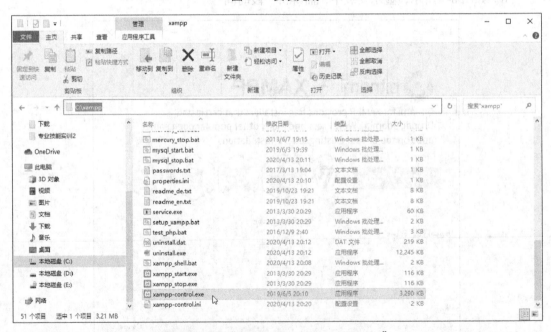

图 8-9　运行 "C:\xampp\xampp-control.exe"

（11）选择语言，保持默认选择，单击 "Save" 按钮。

（12）如图 8-10 所示，单击 "Start" 按钮，启动 Apache 服务。

（13）Apache 服务默认端口号为 80，如果不能正常启动，则需更改端口号，如图 8-11 所示，单击 "Config" 按钮，选择 "Apache (httpd.conf)" 选项，修改 Apache(httpd.conf)。

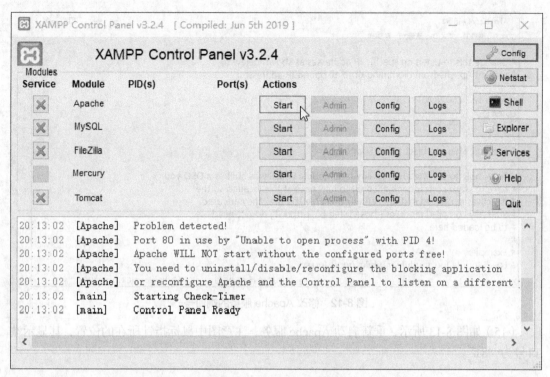

图 8-10 启动 Apache 服务

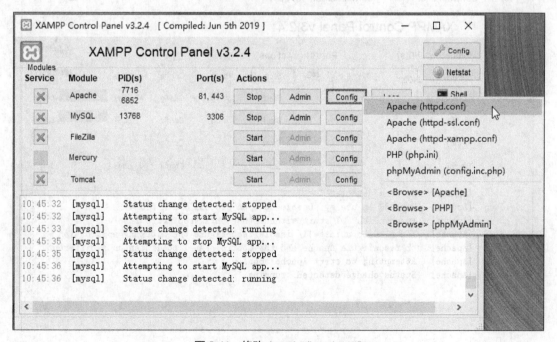

图 8-11 修改 Apache(httpd.conf)

（14）如图 8-12 所示，这里将 Apache 服务的端口号修改为 "81"。

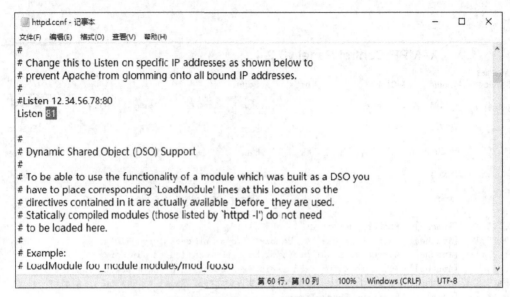

图 8-12 修改 Apache 服务的端口号

（15）如图 8-13 所示，重新启动 Apache 服务，注意图中鼠标指针所在的位置，其显示端口号为 "81"。

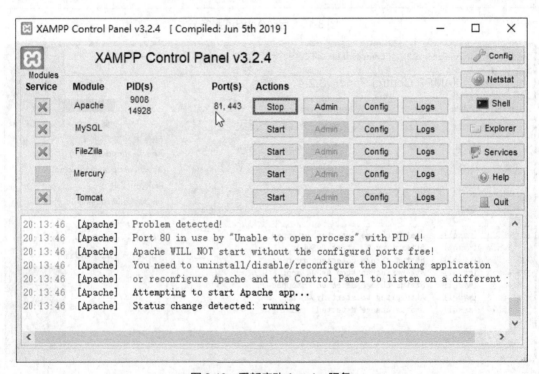

图 8-13 重新启动 Apache 服务

（16）如图 8-14 所示，单击 "Start" 按钮，启动 MySQL 服务。

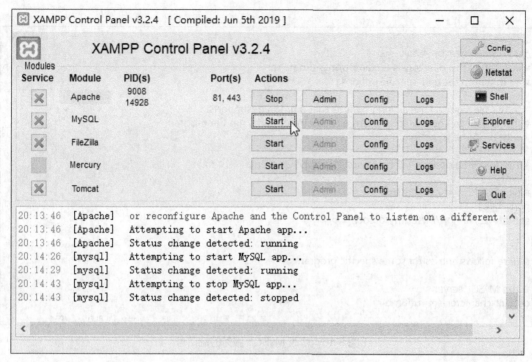

图 8-14 启动 MySQL 服务

（17）MySQL 服务默认端口号为 3306，如果无法正常启动，则需要更改端口号，如图 8-15 所示，单击"Config"按钮，选择"my.ini"选项，修改 my.ini。

（18）如图 8-16 所示，这里 MySQL 服务的端口号保持"3306"不变，如果出现冲突，则可尝试使用端口号"3307""3308"等。

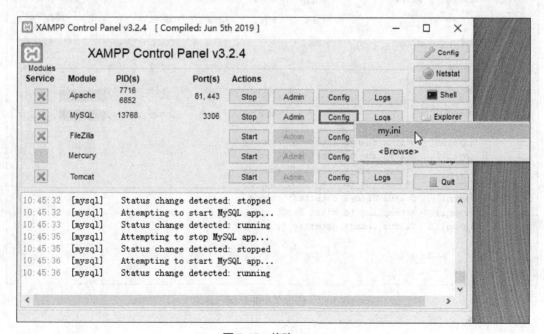

图 8-15 修改 my.ini

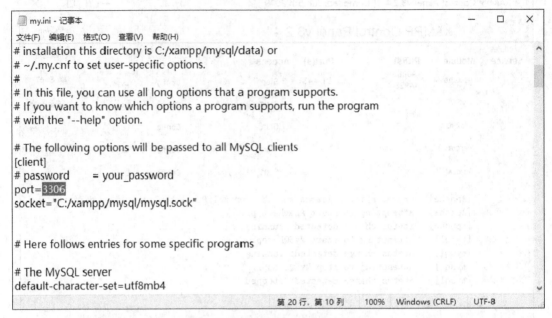

图 8-16　修改 MySQL 服务的端口号

（19）修改 XAMPP 运行环境，如图 8-17 所示，单击 "Config" 按钮。

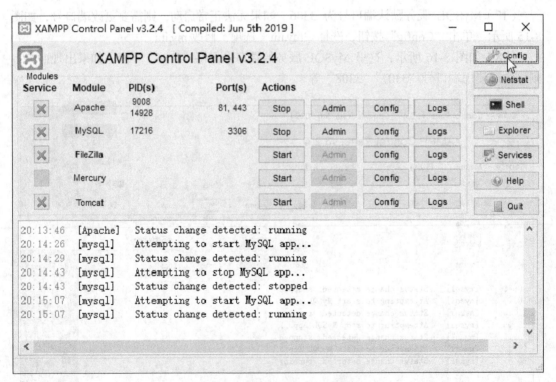

图 8-17　修改 XAMPP 运行环境

（20）打开"Configuration of Control Panel"窗口，如图 8-18 所示，单击"Service and Port Settings"按钮。

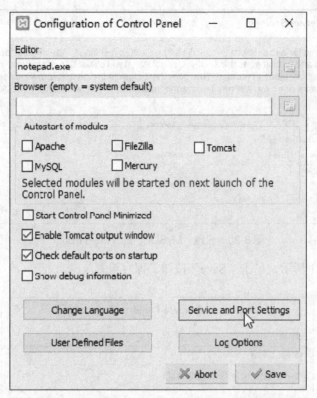

图 8-18　"Configuration of Control Panel"窗口

（21）选中"Apache"标签页，如图 8-19 所示，将"Apache2.4"的"Main Port"设置为"81"（默认为 80，如果没有修改端口号，则无须修改），单击"Save"按钮。

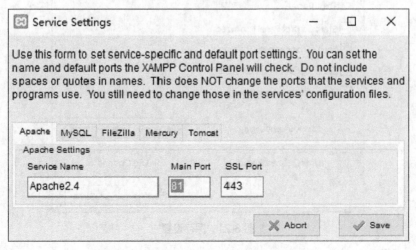

图 8-19　设置"Apache2.4"的"Main Port"

（22）选中"MySQL"标签页，如图8-20所示，将"MySQL"的"Main Port"设置为"3306"（默认为3306，如果没有修改端口号，则无须修改），单击"Save"按钮。

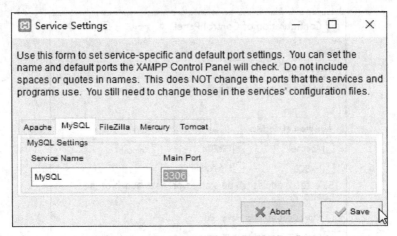

图8-20　设置"MySQL"的"Main Port"

（23）如图8-21所示，单击"Save"按钮，保存设置。

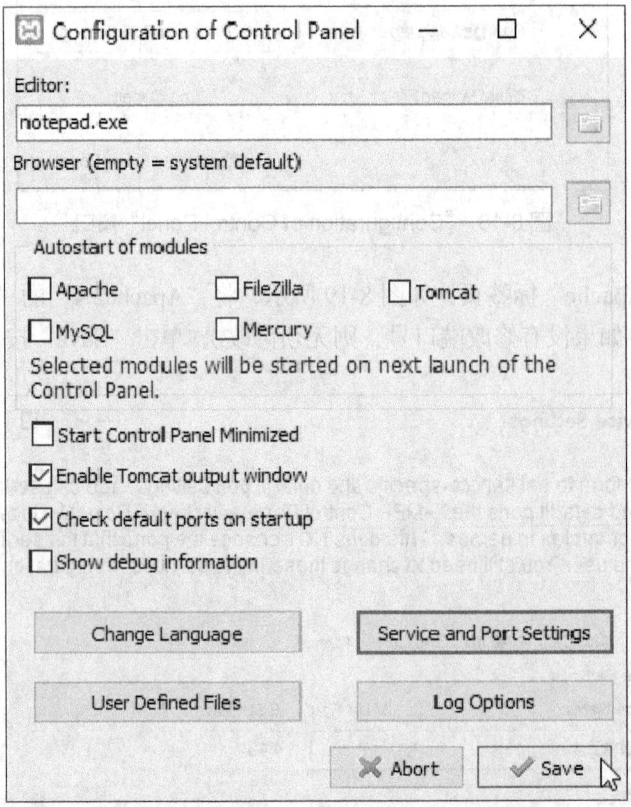

图8-21　保存设置

（24）如图8-22所示，单击Apache的"Admin"按钮，测试Apache服务。

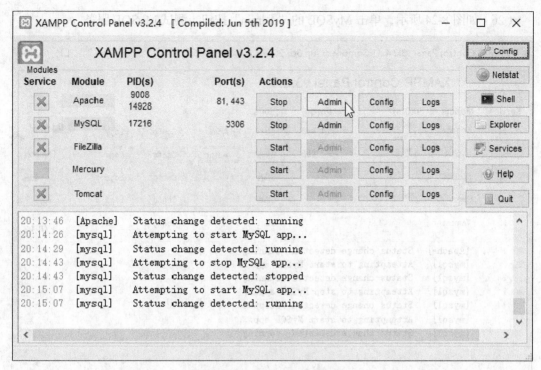

图 8-22　测试 Apache 服务

（25）如图 8-23 所示，系统将启动默认浏览器，进入 Apache 主页，即进入 "http://localhost:81/dashboard/" 页面。如果端口号为 80，则进入 "http://localhost/dashboard/" 页面。

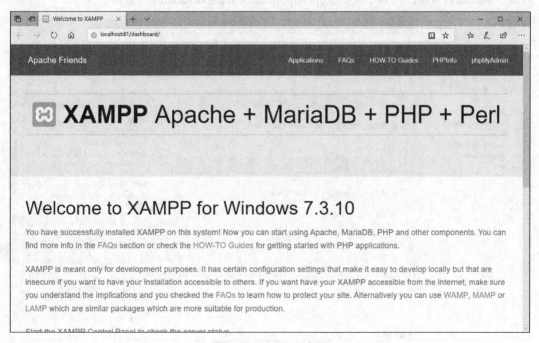

图 8-23　Apache 主页

（26）如图 8-24 所示，单击 MySQL 的"Admin"按钮，测试 MySQL 服务。

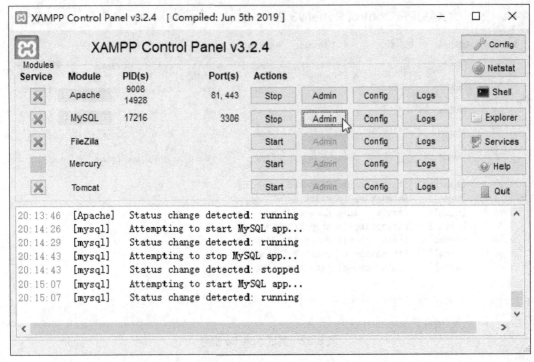

图 8-24　测试 MySQL 服务

（27）如图 8-25 所示，系统将启动 phpMyAdmin，进入"http://localhost:81/phpmyadmin/"页面。如果端口号修改为 80，则进入"http://localhost/phpmyadmin/"页面。

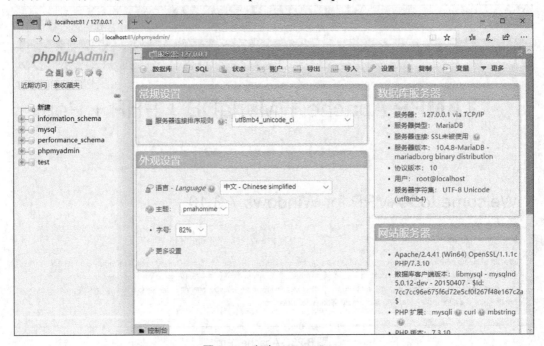

图 8-25　启动 phpMyAdmin

8.2 创建选课数据库

本节演练基于一个选课数据库示例。数据库中表的含义在使用时将逐步介绍。

二维码 8-2

【演练 8.2】运行数据库脚本，创建选课数据库。

（1）如图 8-26 所示，单击工具栏中的"SQL"按钮，将配套资源文件夹中的"xk.sql"文件的内容粘贴到 SQL 窗口中，并单击"执行"按钮，执行 SQL 语句。

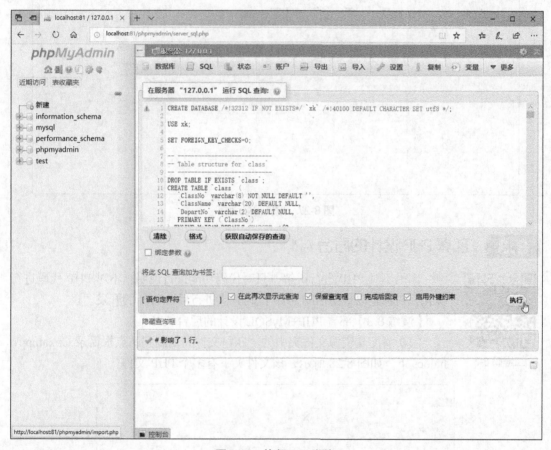

图 8-26　执行 SQL 语句

（2）如图 8-27 所示，单击鼠标指针所指示的图标，刷新导航面板，可以看到界面左侧多了一个数据库"xk"。

（3）这里主要用到课程信息表 course、学生信息表 student、学生选课表 stucou（某学号报名选修了某门课程，WillOrder 为报名的志愿号），读者可先浏览一下各个表中的数据以有所印象。

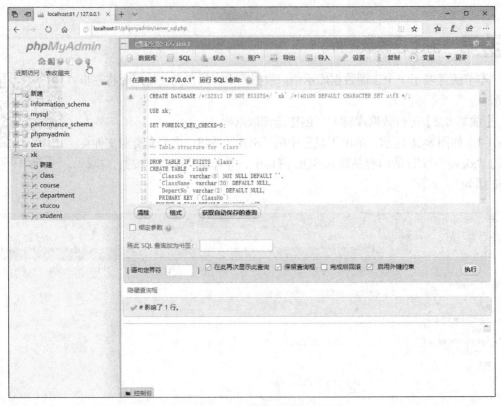

图 8-27　刷新导航面板

二维码 8-3

8.3　部署 PHP 设计的后台 API

本书不对 PHP 进行讲解，只对代码功能进行说明。不对 PHP 代码进行优化，目标是以最简洁的 PHP 代码方式进行后台 API 的开发。

【演练 8.3】部署 PHP+MySQL 设计的后台 API。

（1）将配套资源文件夹中的"xk"文件夹复制到站点根目录 C:\xampp\htdocs 下，如图 8-28 所示，该文件夹下有多个 PHP 文件。

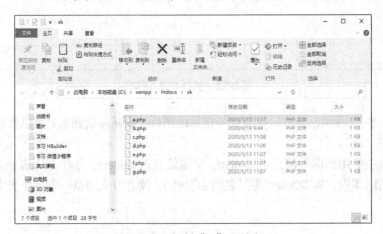

图 8-28　复制"xk"文件夹

（2）在浏览器地址栏中输入"http://localhost:81/xk/a.php"，测试 PHP 环境，如图 8-29 所示。

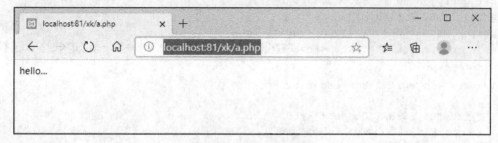

图 8-29　测试 PHP 环境

a.php 的代码如下。

```php
<?php
    echo "hello...";
?>
```

该代码用于简单测试 PHP 环境是否正常，仅输出"hello..."字符串。

（3）在浏览器地址栏中输入"http://localhost:81/xk/b.php"，测试 PHP+MySQL 环境，如图 8-30 所示。

课程代码	课程名称	类别	学分
001	SQL Server实用技术	信息技术	3
002	Java技术的开发应用	信息技术	2
003	网络信息检索原理与技术	信息技术	2
004	Linux操作系统	信息技术	2
005	Premiere6.0影视制作	信息技术	2
006	Director动画电影设计与制作	信息技术	2
007	Delphi初级程序员	信息技术	2
008	ASP.NET应用	信息技术	2.5
009	水资源利用管理与保护	工程技术	2
010	中级电工理论	工程技术	3
011	中外建筑欣赏	人文	2
012	智能建筑	工程技术	2
013	房地产漫谈	人文	2
014	科技与探索	人文	1.5
015	民俗风情旅游	管理	2
016	旅行社经营管理	管理	2
017	世界旅游	人文	2
018	中餐菜肴制作	人文	2
019	电子出版概论	工程技术	2

图 8-30　测试 PHP+MySQL 环境

b.php 的代码如下。

```php
<?php
header("Content-Type: text/html;charset=utf8");
$conn = mysqli_connect("localhost:3306","root",'','xk');
```

```
// 设置编码，防止中文乱码
mysqli_query($conn , "set names utf8");
$query = 'SELECT * FROM course';
$result = mysqli_query( $conn, $query );
echo '<table border="1"><tr><td>课程代码</td><td>课程名称</td><td>类别</td><td>学
分</td></tr>';
while($row = mysqli_fetch_assoc($result))
{
echo "<tr><td> {$row['CouNo']}</td> ".
        "<td>{$row['CouName']} </td> ".
        "<td>{$row['Kind']} </td> ".
        "<td>{$row['Credit']} </td> ".
        "</tr>";
}
echo '</table>';
mysqli_close($conn);
?>
```

该程序用于简单测试 PHP+MySQL 环境是否正常，输出 xk 数据库中课程信息表 course 的内容。下列语句中的端口号、用户名、密码需要根据实际情况更改，后面代码类似之处不再赘述。

```
$conn = mysqli_connect("localhost:3306","root","","xk");
```

（4）在浏览器地址栏中输入"http://localhost:81/xk/c.php"，使 course 的内容以 JSON 格式输出，如图 8-31 所示。

图 8-31　course 的内容以 JSON 格式输出

c.php 的代码如下。

```php
<?php
header("Content-Type: text/html;charset=utf8");
$conn = mysqli_connect("localhost:3306","root","","xk");
mysqli_set_charset($conn,'utf8');
$query = "SELECT * FROM course";
$result = mysqli_query($conn,$query);
$datas = mysqli_fetch_all($result,MYSQLI_ASSOC);
echo json_encode($datas,JSON_UNESCAPED_UNICODE);
?>
```

该程序用于将 xk 数据库中 course 的内容以 JSON 格式输出。

（5）在浏览器地址栏中输入 "http://localhost:81/xk/d.php?CouNo=001"，查看报名选修某门课程的学生信息，如图 8-32 所示。

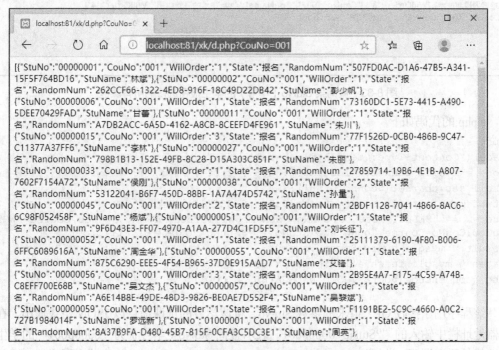

图 8-32　查看报名选修某门课程的学生信息

d.php 的代码如下。

```php
<?php
header("Content-Type: text/html;charset=utf8");
$conn = mysqli_connect("localhost:3306","root","","xk");
mysqli_set_charset($conn,'utf8');
$CouNo=mysqli_real_escape_string($conn,$_GET['CouNo']);
$query = "SELECT StuCou.*,StuName FROM StuCou,Student WHERE StuCou.StuNo=
Student.StuNo AND CouNo = '$CouNo'";
$result = mysqli_query($conn,$query);
$datas = mysqli_fetch_all($result,MYSQLI_ASSOC);
echo json_encode($datas,JSON_UNESCAPED_UNICODE);
?>
```

该程序用于接收 GET 请求的参数 CouNo，将选课信息以 JSON 格式输出。在浏览器地址栏中输入的"?CouNo=001"表示查询报名 CouNo（课程号）为"001"这门课程的学生信息。类似的，"http://localhost:81/xk/d.php?CouNo=002"可查询报名课程号为"002"这门课程的学生信息。

（6）在浏览器地址栏中输入"http://localhost:81/xk/e.php?StuNo=00000001"，查询某 StuNo（学号）的学生报名选修的所有课程，如图 8-33 所示。

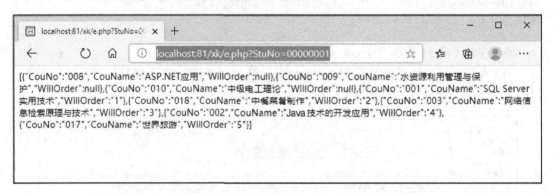

图 8-33　查询某 StuNo（学号）的学生报名选修的所有课程

e.php 的代码如下。

```php
<?php
header("Content-Type: text/html;charset=utf8");
$conn = mysqli_connect("localhost:3306","root","","xk");
mysqli_set_charset($conn,'utf8');
$StuNo=mysqli_real_escape_string($conn,$_GET['StuNo']);
$query = "SELECT StuCou.CouNo,CouName,WillOrder FROM StuCou,Course WHERE
StuCou.CouNo=Course.CouNo AND StuNo = '$StuNo' ORDER BY WillOrder";
$result = mysqli_query($conn,$query);
$datas = mysqli_fetch_all($result,MYSQLI_ASSOC);
echo json_encode($datas,JSON_UNESCAPED_UNICODE);
?>
```

该程序用于接收 GET 请求的参数 StuNo，将该学号的选课信息以 JSON 格式输出。在浏览器地址栏中输入的"?StuNo=00000001"表示查询 StuNo（学号）为"00000001"的学生报名选修的所有课程。类似的，"http://localhost:81/xk/e.php?StuNo=00000002"可查询 StuNo（学号）为"00000002"的学生报名选修的所有课程。

（7）自行下载 Postman 并安装。Postman 启动后会提示注册，可跳过此步骤，不影响使用。

Postman 是一款非常流行的 API 调试软件。该软件提供了功能强大的 Web API 和 HTTP 请求调试功能，它能够发送任何类型的 HTTP 请求（GET、POST、PUT、DELETE 等），并且能附带任何数量的参数和 Headers。

POST 请求不能像 GET 请求那样直接使用浏览器进行测试，自己编写代码进行测试又会花费时间，所以这里使用 Postman 测试 API。

（8）如图 8-34 所示，测试登录接口，选择"POST"选项，在地址栏中输入"http://localhost:81/xk/f.php"，选中"Body"标签页，再选中"x-www-form-urlencoded"，输入图 8-34 所示的 Key 和 Value。

StuNo: 00000001

Pwd: 47FE680E

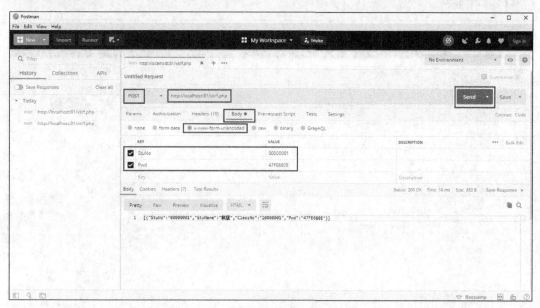

图 8-34　测试登录接口

这是 student 中的一条数据，可以验证正确的学号和密码，单击"Send"按钮，将显示如下结果，表示登录成功。

```
[{"StuNo":"00000001","StuName":"林斌","ClassNo":"20000001","Pwd":"47FE680E"}]
```

如果学号和密码不对，则将显示空数组。

f.php 的代码如下。

```php
<?php
header("Content-Type: text/html;charset=utf8");
$conn = mysqli_connect("localhost:3306","root","","xk");
mysqli_set_charset($conn,'utf8');
$StuNo=mysqli_real_escape_string($conn,$_POST['StuNo']);
$Pwd=mysqli_real_escape_string($conn,$_POST['Pwd']);
$query = "SELECT * FROM Student WHERE StuNo = '$StuNo' AND Pwd = '$Pwd'";
$result = mysqli_query($conn,$query);
$datas = mysqli_fetch_all($result,MYSQLI_ASSOC);
echo json_encode($datas,JSON_UNESCAPED_UNICODE);
?>
```

该程序用于接收 POST 请求的参数 StuNo 和 Pwd，并在 student 中查找相应数据。

（9）如图 8-35 所示，测试选课报名数据，选择"POST"选项，在地址栏中输入"http://localhost:81/xk/g.php"，选中"Body"标签页，再选中"x-www-form-urlencoded"，输入如下的 Key 和 Value。

StuNo: 00000001

CouNo: 006

单击"Send"按钮，将显示如下结果，表示学号为"00000001"的学生报名选修的课程号为"006"的课程成功。

```
{"status":"成功"}
```

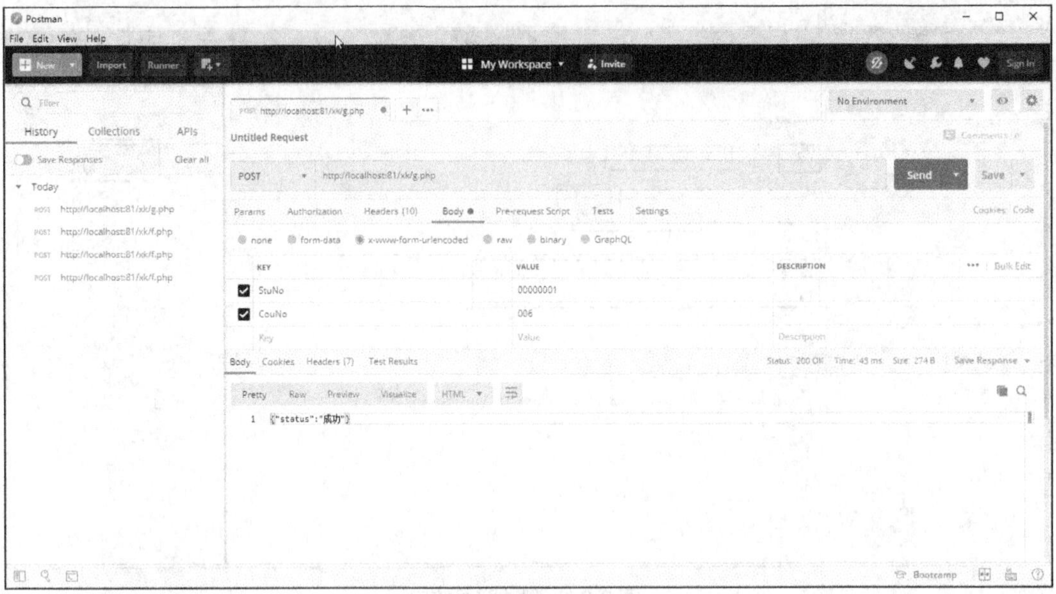

图 8-35   测试选课报名数据

g.php 的代码如下。

```php
<?php
header("Content-Type: text/html;charset=utf8");
$conn = mysqli_connect("localhost:3306","root","","xk");
mysqli_set_charset($conn,'utf8');
$StuNo=mysqli_real_escape_string($conn,$_POST['StuNo']);
$CouNo=mysqli_real_escape_string($conn,$_POST['CouNo']);
$sql = "INSERT INTO StuCou (StuNo, CouNo) VALUES ('$StuNo', '$CouNo')";
if ($conn->query($sql) === TRUE) {
      $ret = ["status" => "成功"];
      echo json_encode($ret,JSON_UNESCAPED_UNICODE);
} else {
      $ret = ["status" => "失败"];
      echo json_encode($ret,JSON_UNESCAPED_UNICODE);
}
$conn->close();
?>
```

该程序用于接收 POST 请求的参数 StuNo 和 CouNo，在学生选课表 stucou 中插入该记录。

【说明】为了更好地关注于本课程的内容，xk 数据库中的数据约束规则在本书中不做限制，也不进行更复杂的业务逻辑处理。

（10）如图 8-36 所示，在 phpMyAdmin 中验证选课报名数据。

【说明】通过以上接口的测试，读者应该大概熟悉了本书的选课数据库示例。

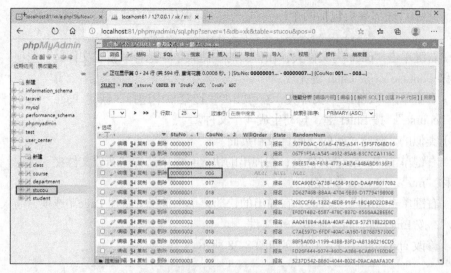

图 8-36 验证选课报名数据

8.4 基于 PHP 开发选课小程序

选课小程序以业务逻辑为主，没有样式修饰，这样更有利于关注于本章的内容。

【演练 8.4】开发选课小程序。

（1）为项目准备好一个空的文件夹，如这里在桌面上新建了一个文件夹
"xk"。

二维码 8-4

（2）运行微信开发者工具，如图 8-37 所示，新建项目，在"目录"下拉列表中选择"xk"选项，单击"测试号"链接，单击"新建"按钮。

图 8-37 新建项目

（3）此项目底部导航包括两个标签页——"课程信息""我的"，下面先准备好这两个页面。

（4）右键单击"pages"文件夹，在弹出的快捷菜单中选择"新建文件夹"选项，输入文件夹名称"course"，按 Enter 键完成。

（5）右键单击"course"文件夹，在弹出的快捷菜单中选择"新建 Page"选项，输入页面名称"course"，按 Enter 键，自动生成 4 个文件。

（6）类似的，新建"我的"的目录和页面。

（7）右键单击"pages"文件夹，在弹出的快捷菜单中选择"新建文件夹"选项，输入文件夹名称"my"，按 Enter 键完成。

（8）右键单击"my"文件夹，在弹出的快捷菜单中选择"新建 Page"选项，输入页面名称"my"，按 Enter 键，自动生成 4 个文件。

（9）修改 app.json 文件，其内容如图 8-38 所示。

```json
{
  "pages": [
    "pages/course/course",
    "pages/my/my"
  ],
  "window": {
    "backgroundTextStyle": "light",
    "navigationBarBackgroundColor": "#fff",
    "navigationBarTitleText": "WeChat",
    "navigationBarTextStyle": "black"
  },
  "tabBar": {
    "list": [
      {
        "pagePath": "pages/course/course",
        "text": "课程信息"
      },
      {
        "pagePath": "pages/my/my",
        "text": "我的"
      }
    ]
  },
  "style": "v2",
  "sitemapLocation": "sitemap.json"
}
```

图 8-38　app.json 文件的内容

（10）右键单击"index"文件夹，在弹出的快捷菜单中选择"删除"选项，单击"确定"按钮。

（11）右键单击"logs"文件夹，在弹出的快捷菜单中选择"删除"选项，单击"确定"按钮。

（12）保存并运行文件，运行结果如图 8-39 所示。在底部导航中选中"课程信息"和"我的"标签页，可在这两个页面之间进行切换。

图 8-39　运行结果

（13）修改 app.js 文件，添加图 8-40 中阴影部分所示的代码。这里声明了一个全局变量 apiurl 供 wx.request 使用，其中，具体端口号需要根据自己的环境进行配置。

```
app.js        ×
36    globalData: {
37      userInfo: null,
38      apiurl: 'http://localhost:81/xk/'
39    }
40  })
```

图 8-40　修改 app.js 文件

（14）修改并保存 course.js 文件，其内容如图 8-41 所示。

```
course.js
Page({
  /**
   * 页面的初始数据
   */
  data: {
    course: []
  },
  loadCourse: function () {
    var _self = this;
    wx.request({
      url: getApp().globalData.apiurl + 'c.php',
      method: "GET",
      header: {
        "Context-Type": "json"
      },
      success: function (res) {
        _self.setData({ course: res.data })
      }
    })
  },
  /**
   * 生命周期函数——监听页面加载
   */
  onLoad: function (options) {
    this.loadCourse();
  },
```

图 8-41　course.js 文件的内容

（15）单击"详情"按钮，选中"本地设置"标签页，选中"不校验合法域名、web-view（业务域名）、TLS 版本以及 HTTPS 证书"复选框，如图 8-42 所示。

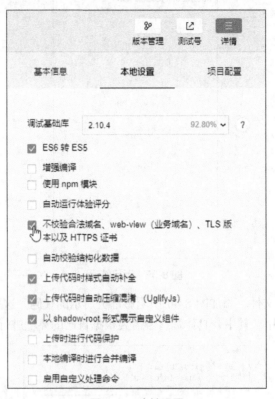

图 8-42　本地设置

（16）修改并保存 course.wxml 文件，代码如下。

```
<view>
 <block wx:for="{{course}}" wx:key="index">
  <navigator url="../studentByCouNo/studentByCouNo?CouNo={{item.CouNo}}">
   <view>
     {{item.CouNo}}---{{item.CouName}}
   </view>
  </navigator>
 </block>
</view>
```

（17）保存并运行文件，运行后显示的课程信息如图 8-43 所示。

（18）右键单击"pages"文件夹，在弹出的快捷菜单中选择"新建文件夹"选项，输入文件夹名称"studentByCouNo"，按 Enter 键。

（19）右键单击"studentByCouNo"文件夹，在弹出的快捷菜单中选择"新建 Page"选项，输入文件夹名称"studentByCouNo"，自动生成 4 个文件。

（20）修改并保存 studentByCouNo.js 文件，其内容如图 8-44 所示。

（21）修改并保存 studentByCouNo.wxml 文件，代码如下。

```
<view>
 <block wx:for="{{student}}" wx:key="index">
```

```
   <view>{{item.StuNo}}--{{item.StuName}}</view>
  </block>
</view>
```

图 8-43　课程信息

```
app.js        app.json        course.wxml - course    course.wxml - pages    studentByCouNo.js    course.js
1   // pages/studentByCouNo/studentByCouNo.js
2   Page({
3     /**
4      * 页面的初始数据
5      */
6     data: {
7       student: []
8     },
9     loadStudent: function (CouNo) {
10      var _self = this;
11      wx.request({
12        url: getApp().globalData.apiurl + 'd.php?CouNo=' + CouNo,
13        method: "GET",
14        header: {
15          "Context-Type": "json"
16        },
17        success: function (res) {
18          _self.setData({ student: res.data })
19        }
20      })
21    },
22    /**
23     * 生命周期函数——监听页面加载
24     */
25    onLoad: function (options) {
26      this.loadStudent(options.CouNo);
27    },
```

图 8-44　studentByCouNo.js 文件的内容

（22）保存并运行文件，当选中某门课程后，将显示报名选修该课程的学生，如图 8-45 所示。

图 8-45　报名选修某课程的学生

（23）右键单击"pages"文件夹，在弹出的快捷菜单中选择"新建文件夹"选项，输入文件夹名称"login"，按 Enter 键。

（24）右键单击"login"文件夹，在弹出的快捷菜单中选择"新建 Page"选项，输入页面名称"login"，自动生成 4 个文件。

（25）修改并保存 login.js 文件，代码如下。

```javascript
// pages/login/login.js
Page({

  /**
   * 页面的初始数据
   */
  data: {
    StuNo: "00000001",
    Pwd: "47FE680E"
  },
  goHome:function(){
    wx.switchTab({
      url: '../course/course',
    })
  },
  setStuNo: function (e) {
```

```
  this.setData({
    StuNo: e.detail.value
  });

},
setPwd: function (e) {
  this.setData({
     Pwd: e.detail.value
  });
},
formSubmit:function(){
  var _self = this;
  wx.request({
    url: getApp().globalData.apiurl + 'f.php',
    method:"POST",
    data:{
      StuNo: _self.data.StuNo,
      Pwd: _self.data.Pwd
    },
    header:{
      'content-type': 'application/x-www-form-urlencoded'
    },
    success:function(res){
      if (res.data.length==1){
        wx.setStorageSync("StuNo", _self.data.StuNo);
        wx.switchTab({
          url: '../my/my',
        })
      }else{
        wx.showToast({
          title: '登录失败',
          duration: 2000
        })
      }
    }
  })
},
/**
 * 生命周期函数——监听页面加载
 */
onLoad: function (options) {

},

/**
 * 生命周期函数——监听页面初次渲染完成
 */
onReady: function () {

},
```

```
/**
 * 生命周期函数——监听页面显示
 */
onShow: function () {

},

/**
 * 生命周期函数——监听页面隐藏
 */
onHide: function () {

},

/**
 * 生命周期函数——监听页面卸载
 */
onUnload: function () {

},

/**
 * 页面相关事件处理函数——监听用户下拉动作
 */
onPullDownRefresh: function () {

},

/**
 * 页面上拉触底事件的处理函数
 */
onReachBottom: function () {

},

/**
 * 用户分享操作
 */
onShareAppMessage: function () {

}
})
```

（26）修改并保存 login.wxml 文件，代码如下。

```
<form bindsubmit="formSubmit">
  <view>
   <view>学号</view>
   <input name="StuNo" placeholder="请输入学号" value="{{StuNo}}" bindinput=
"setStuNo"/>
  </view>
  <view>
```

```
    <view>密码</view>
    <input name="Pwd" placeholder="请输入密码" value="{{Pwd}}" bindinput="setPwd"/>
  </view>
  <view>
    <button formType="submit">登录</button>
    <button bindtap="goHome">返回</button>
  </view>
</form>
```

（27）修改并保存 my.js 文件，代码如下。

```
// pages/my/my.js
Page({
  /**
   * 页面的初始数据
   */
  data: {
    StuNo: "",
    CouNo: "",
    Course: []
  },
  loadStudent: function (StuNo) {
    var _self = this;
    wx.request({
      url: getApp().globalData.apiurl + 'e.php?StuNo=' + StuNo,
      method: 'GET',
      header: {
        "Content-Type": "json"
      },
      success: function (res) {
        _self.setData({
          Course: res.data
        });
      }
    })
  },
  logout: function () {
    wx.clearStorageSync();
    wx.switchTab({
      url: '../course/course',
    })
  },
  setCouNo: function (e) {
    this.setData({
      CouNo: e.detail.value
    });
  },
  insertStuCou: function () {
    var _self = this;
    wx.request({
      url: getApp().globalData.apiurl+'g.php',
```

```
      method: 'POST',
      data: {
        StuNo: wx.getStorageSync('StuNo'),
        CouNo: _self.data.CouNo
      },
      header: {
        'content-type': 'application/x-www-form-urlencoded'
      },
      success: function (res) {
        wx.showToast({
          title: res.data.status,
          duration: 2000
        });
        wx.reLaunch({
          url: 'my',
        })
      }
    })
  },
  /**
* 生命周期函数——监听页面加载
*/
  onLoad: function (options) {

  },

  /**
   * 生命周期函数——监听页面初次渲染完成
   */
  onReady: function () {

  },

  /**
   * 生命周期函数——监听页面显示
   */
  onShow: function () {
    if (wx.getStorageSync('StuNo')) {
      this.loadStudent(wx.getStorageSync('StuNo'));
    } else {
      wx.navigateTo({
        url: '../login/login',
      })
    }
  },

  /**
   * 生命周期函数——监听页面隐藏
   */
  onHide: function () {
```

```
    },
    /**
     * 生命周期函数——监听页面卸载
     */
    onUnload: function () {

    },
    /**
     * 页面相关事件处理函数——监听用户下拉动作
     */
    onPullDownRefresh: function () {

    },
    /**
     * 页面上拉触底事件的处理函数
     */
    onReachBottom: function () {

    },
    /**
     * 用户分享操作
     */
    onShareAppMessage: function () {

    }
})
```

（28）修改并保存 my.wxml 文件，代码如下。

```
<view>
  <block wx:for="{{Course}}" wx:key="CouNo">
    <view>{{item.CouNo}}——{{item.CouName}}</view>
  </block>
</view>
<view>
  <button bindtap="logout">退出</button>
</view>
<view>
  <input name="StuNo" placeholder="请输入报名课程号" value="{{CouNo}}" bindinput=
"setCouNo" />
  <button bindtap="insertStuCou">报名该课程</button>
</view>
```

（29）保存并运行文件，在底部导航中选中"我的"标签页，由于用户未登录，因此将跳转到登录页面，如图 8-46 所示。为测试方便（以免每次测试时都输入学号和密码），学号和密码已默认以明文形式输入好，单击"登录"按钮，如果学号和密码正确，则将跳转到"我的"页面，否则给出"登录失败"提示信息，单击"返回"按钮，可放弃登录并返回"课程信息"页面。

图 8-46　登录页面

（30）如图 8-47 所示，显示某学生的报名信息，在"请输入报名课程号"文本框中输入"005"，单击"报名该课程"按钮即可完成报名，单击"退出"按钮，将返回"课程信息"页面，再次进入时会要求重新登录。

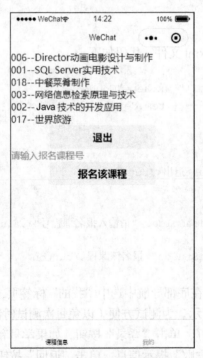

图 8-47　显示某学生的报名信息

本章思考

1. 能熟练使用 XAMPP 了吗？
2. 能熟练使用 phpMyAdmin 了吗？
3. 能熟练使用 PHP 操作 MySQL 了吗？
4. 如何在微信小程序中请求自己的 API？

第 **9** 章　使用 Laravel 设计 API

Laravel 是一套简洁、优雅的 PHP Web 开发框架。Laravel 可以帮助用户从杂乱的代码中解脱出来，构建一个完美的 Web 项目，其代码简洁、富于表达力。本章将使用 Laravel 设计后台 API。

学习目标

- 熟悉 Laravel 的基本用法。
- 通过 Laravel 框架的学习使自己具备自学其他框架的能力。
- 理解 Laravel 访问数据库的常用步骤。

9.1　Laravel 基础

9.1.1　运行环境及项目初始化

二维码 9-1

本节运行环境为 XAMPP、xk 数据库，即第 8 章的项目所用的运行环境。这里 XAMPP 的安装路径为 "C:\xampp"，Apache 服务的端口号为 81，MySQL 服务的端口号为 3306，相关代码可根据自身环境做相应更改。

本节使用的编辑器是 HBuilderX，读者可自行下载并安装，读者也可以使用其他自己熟悉的编辑器，如 VSCode、Sublime 等。

【演练 9.1】Laravel 项目初始化及运行测试。

（1）解压本书配套资源文件夹中的一键安装包 "l6.rar" 到 "C:\xampp\htdocs" 目录下，解压后的目录结构如图 9-1 所示。

图 9-1　解压后的目录结构

（2）可使用以下两种方式进行项目初始化。

方式一：访问 http://localhost:81/l6/public/ ，其中端口号 81 应根据实际情况进行修改，端口号为 80 时可不写入网址中，Laravel 初始化项目运行结果如图 9-2 所示。

图 9-2　Laravel 初始化项目运行结果

方式二：在此种方式下，Apache 服务可以不启动。打开命令提示符窗口，输入如下命令，将当前路径设置为项目目录 "C:\xampp\htdocs\l6"，启动 Laravel 应用，如图 9-3 所示，注意不要关闭该命令提示符窗口，可看到给出的 Laravel development server started 为 http://127.0.0.1:8000/。

```
c:
cd\xampp\htdocs\l6
c:\xampp\PHP\PHP artisan serve
```

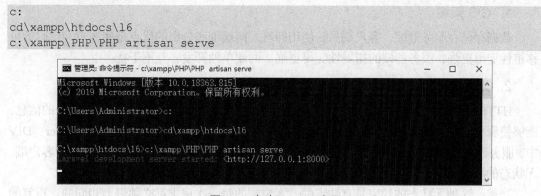

图 9-3　启动 Laravel 应用

访问 http://127.0.0.1:8000/，运行结果如图 9-4 所示。

图 9-4　运行结果

（3）以上两种方式任选其一即可。这里选择使用第一种方式，如果使用第二种方式，则将后续代码中涉及的 http://localhost:81/l6/public/替换为 http://127.0.0.1:8000/ 即可。

9.1.2　路由

二维码 9-2

路由是外界访问 Laravel 应用程序的通路，或者说路由定义了 Laravel 的应用程序向外界提供服务的具体方式。通过指定的统一资源标识符（Uniform Resource Identifier，URI）、HTTP 请求方法及路由参数（可选）才能正确访问到路由定义的处理程序。无论 URI 对应的处理程序是一个简单的闭包还是控制器方法，如果没有对应的路由，外界都无法访问它们。

Laravel 路由采用了 RESTful 设计模式。RESTful 是用来规范 API 的一种约束。其中，REST 是 Representational State Transfer（表象层状态转换）的缩写，代表着分布式服务的架构风格。

要想深刻理解 Representational State Transfer 的含义，可以从以下几个方面进行理解。

（1）每一个 URI 代表一种资源。

（2）客户端和服务器之间传递这种资源的某种表现层。

（3）客户端通过 HTTP 动词（如 GET、POST、PUT、DELETE）对服务器端的资源进行操作，实现"表现层状态转换"。

REST 架构的六大基本原则如下。

1．C/S 架构

数据存储在服务器端，客户端只需使用即可。两端彻底分离的优点是使客户端代码的可移植性变得更强，服务器端的拓展性变得更强。两端单独开发，互不干扰。

2．无状态

HTTP 请求本身就是无状态的，基于 C/S 架构，客户端的每一次请求都带有充分的信息，能够使服务器端识别出来。HTTP 请求所需的信息都包含在 URL 的查询参数、Header、DIV 中，服务器端能够根据请求的各种参数（无须保存客户端的状态）将响应正确返回给客户端。无状态的特征大大提高了服务器端的健壮性和可拓展性。

当然，这种无状态的约束是有缺点的，客户端的每一次请求都必须带上相同的、重复的信息，以确定自己的身份和状态，造成传输数据的冗余。

3．统一的接口

统一的接口是 REST 架构的核心内容，这对于 RESTful 服务非常重要。客户端只需要关注实现接口即可，接口的可读性更强，使用户可以方便调用。

REST 接口约束定义为资源识别、请求动作、响应信息，它表示通过 URI（标识、定位任何资源的字符串）标出要操作的资源，通过请求动作标识要执行的操作，通过返回的状态码来表示这次请求的执行结果。

4．一致的数据格式

REST 架构服务器端返回的数据一般是 XML、JSON 格式，或者直接返回状态码。

例如，请求一条微博信息时，服务器端响应信息应该包含这条微博相关的其他 URL，客户端可以进一步利用这些 URL 发起请求以获取感兴趣的信息，分页可以从第一页的返回数据中获取下一页的 URL 就基于此原理。

5. 可缓存

在万维网上，客户端可以缓存页面的响应内容。因此响应都应隐式或显式地定义为可缓存的，若不可缓存，则要避免客户端在多次请求后用旧数据或脏数据来响应。管理得当的缓存会部分或完全去除客户端和服务器端之间的交互，进一步改善性能和延展性。

6. 按需编码

服务器端可选择临时下发一些功能代码来让客户端执行，从而定制和扩展客户端的某些功能。例如，服务器端可以返回一些 JavaScript 代码让客户端执行，以实现某些特定的功能。

【说明】REST 架构的基本原则中，只有按需编码为可选项。如果某个服务违反了其他原则，从严格意义上讲，不能称之为 RESTful。

下面来看 Laravel 是如何设计和实现路由的。

所有的 Laravel 路由都在 routes 目录的路由文件中定义，这些文件都由框架自动加载。routes/web.php 文件用于定义 Web 界面的路由。其中的路由都会被分配给 Web 中间件组，它提供了会话状态和跨站请求伪造（Cross-site Request Forgery，CSRF）保护等功能。

大多数的应用构建是以在 routes/web.php 文件中定义的路由开始的。可以通过在浏览器地址栏中输入定义的路由 URL 来访问 routes/web.php 中定义的路由。

【演练 9.2】熟悉 Laravel 路由的应用。

（1）打开初始项目，如图 9-5 所示，选择"文件"→"打开目录"选项。

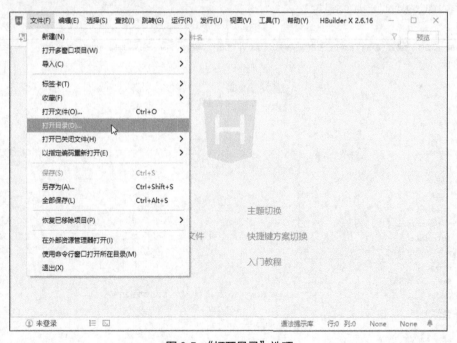

图 9-5　"打开目录"选项

（2）弹出"打开目录"对话框，如图 9-6 所示，定位到 C:\xampp\htdocs\l6，单击"选择文件夹"按钮。

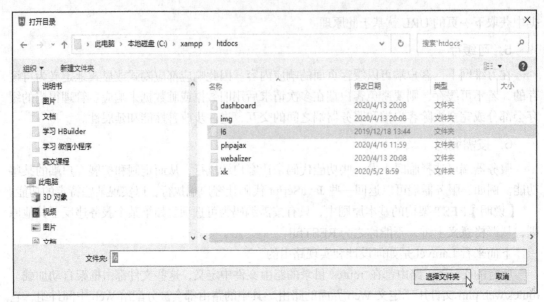

图 9-6 "打开目录"对话框

（3）如图 9-7 所示，查看 routes 目录下的 web.php 文件。

（4）观察 web.php 文件中的初始代码，Route::get()函数表示请求方式为 GET，"/"对应的路由为视图"welcome"。

```
Route::get('/', function () {
    return view('welcome');
});
```

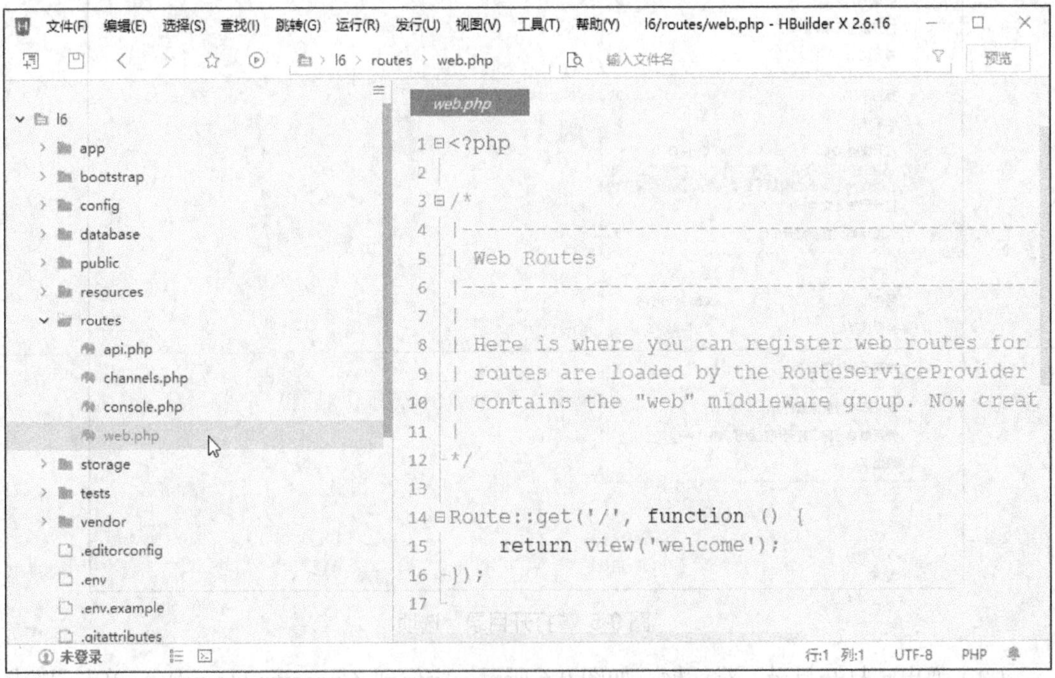

图 9-7 routes 目录下的 web.php 文件

return view('welcome')语句中视图"welcome"对应的是"resources/views/ welcome.blade.php"文件，后面将讲解 blade 模板，现在只需进行验证，注意图 9-8 中鼠标指针的位置，输入 3 个句号，保存文件。

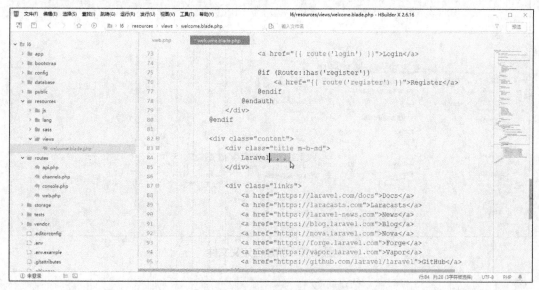

图 9-8　welcome 视图

（5）访问 http://localhost:81/l6/public/，welcome 视图路由结果如图 9-9 所示，可以看到修改生效了。

这里站点根目录为 http://localhost:81/l6/public，路由为/，所以 http://localhost:81/l6/public/将路由到 welcome 视图。

图 9-9　welcome 视图路由结果

（6）创建自己的视图路由。先创建一个视图文件，如图 9-10 所示，右键单击"views"文件夹，在弹出的快捷菜单中选择"新建"→"自定义文件"选项。

（7）创建视图文件，如图 9-11 所示，设置其名称为"wel.blade.php"，单击"创建"按钮。注意，文件后缀为.blade.php。

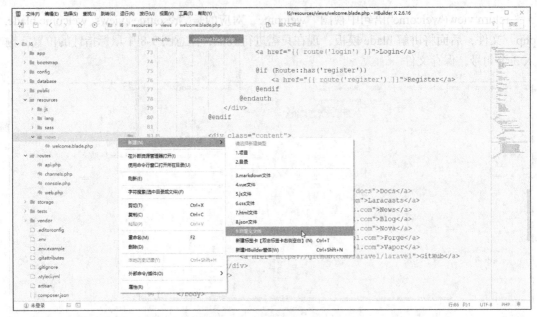

图 9-10　新建自定义文件

图 9-11　创建视图文件

（8）修改 wel.blade.php 文件，其内容如图 9-12 所示，其实质上为一个普通 HTML 文件。

图 9-12　wel.blade.php 文件的内容

（9）修改 web.php 文件，在文件后面添加如下代码。

```
Route::get('/wel', function () {
    return view('wel');
});
```

（10）访问 http://localhost:81/l6/public/wel，路由/wel 的运行结果如图 9-13 所示，可以看到创建的第一个视图路由生效了。

这里站点根目录为 http://localhost:81/l6/public，路由为/wel，所以 http://localhost:81/l6/public/wel 将路由到视图 wel。

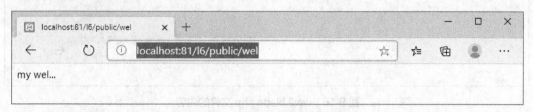

图 9-13　路由/wel 的运行结果

（11）闭包路由。可以使用闭包作为此条请求的响应代码，很多简单操作直接在闭包中实现即可。修改 web.php 文件，在文件后面添加如下代码。

```
Route::get('/hello1', function () {
    return 'Hello! ';
});
```

（12）访问 http://localhost:81/l6/public/hello1，路由/hello1 的运行结果如图 9-14 所示。

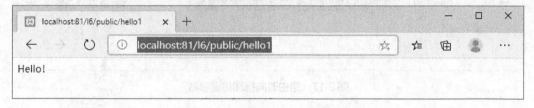

图 9-14　路由/hello1 的运行结果

（13）带参数的闭包路由。修改 web.php 文件，在文件后面添加如下代码，注意观察参数的语法格式。

```
Route::get('/hello2/name/{name}/age/{age}', function ($name,$age) {
    return 'Hello, '.$name.$age;
});
```

（14）访问 http://localhost:81/l6/public/hello2/name/zjh/age/20，路由/hello2 的运行结果如图 9-15 所示。观察传递参数的写法，name/zjh/age/20 表示 name 的值为 zjh，age 的值为 20。

图 9-15　路由/hello2 的运行结果

（15）路由时向视图传递参数。在"views"目录下新建文件"wel2.blade.php"，其内容如图 9-16 所示。

图 9-16　wel2.blade.php 文件的内容

（16）修改 web.php 文件，在文件后面添加如下代码，注意观察参数的语法格式。

```
Route::get('/wel2/name/{name}/age/{age}', function ($name,$age) {
    return view('wel2',['name'=>$name,'age'=>$age]);
});
```

（17）访问 http://localhost:81/l6/public/wel2/name/zjh/age/20，如图 9-17 所示。

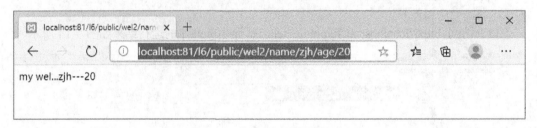

图 9-17　路由时向视图传递参数

9.1.3　视图之 Blade 模板引擎

二维码 9-3

　　Blade 是 Laravel 提供的一个简单而强大的模板引擎。它不像其他流行的 PHP 模板引擎那样限制用户在视图中使用原生的 PHP 代码。事实上，它就是把 Blade 视图编译成原生的 PHP 代码并缓存起来。缓存会在 Blade 视图改变时改变，这意味着 Blade 并没有给用户的应用添加编译的负担。Blade 视图文件使用的后缀为.blade.php，一般情况下被存储在"resources/views"目录下。

　　可以通过@if、@elseif、@else 和@endif 指令来使用 if 控制结构，这些指令和 PHP 方法保持一致。

　　Blade 也支持 PHP 的循环结构。

　　【演练 9.3】熟悉 Blade 模板引擎。

　　（1）修改 wel2.blade.php 文件，如图 9-18 所示，添加阴影部分所示的代码。

　　（2）访问 http://localhost:81/l6/public/wel2/name/zjh/age/20，运行结果如图 9-19 所示。

```
      web.php        welcome.blade.php        wel.blade.php        wel2.blade.php
 5          <meta name="viewport" content="width=device-width, initial-scale=1.0">
 6          <meta http-equiv="X-UA-Compatible" content="ie=edge">
 7          <title></title>
 8      </head>
 9    ⊟<body>
10          my wel...{{$name}}---{{$age}}
11          <hr>
12          @if($age<18)
13              <h1>小孩</h1>
14          @else
15              <h1>成人</h1>
16          @endif
17          <hr>
18          @for($i=0;$i<10;$i++)
19              <span>{{$i}}</span>
20          @endfor
21      </body>
22    </html>
```

图 9-18　修改 wel2.blade.php 文件

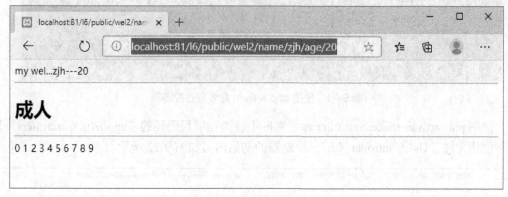

图 9-19　运行结果 1

（3）访问 http://localhost:81/l6/public/wel2/name/zjh/age/10，运行结果如图 9-20 所示。

图 9-20　运行结果 2

9.1.4 控制器

二维码 9-4

除了在路由文件中以闭包的形式定义所有的请求处理逻辑外，还可以使用控制器类来组织此类行为。控制器能够将相关的请求处理逻辑组成一个单独的类。控制器被存放在 app/Http/Controllers 目录下。

对比："路由→视图"与"路由→控制器→视图"相比，后者比前者多一层，但可以做更多的业务逻辑。

【演练 9.4】熟悉控制器。

（1）创建控制器的方式一：使用 php artisan 命令创建控制器，打开命令提示符窗口，输入如下命令，创建控制器，如图 9-21 所示。

```
c:
cd\xampp\htdocs\16
c:\xampp\php\php artisan make:controller UserController
```

图 9-21　使用 php artisan 命令创建控制器

使用 php artisan make:controller 命令实际上就是在项目路径的 "app/Http/Controllers" 目录下创建文件 "UserController.php"，控制器的初始内容如图 9-22 所示。

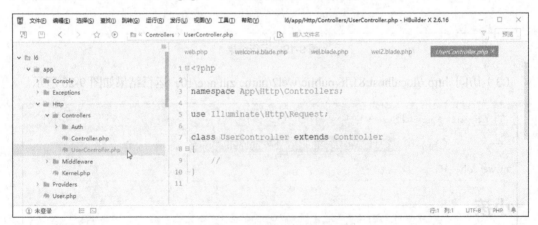

图 9-22　控制器的初始内容

（2）创建控制器的方式二：在项目路径的 "app/Http/Controllers" 目录下创建文件 "UserController.php"，文件内容如下。

```
<?php
namespace App\Http\Controllers;
```

```
use Illuminate\Http\Request;
class UserController extends Controller
{
    //
}
```

该控制器继承了 Laravel 内置的基础控制器类。该基础控制器类提供了一些便捷的方法。

（3）以上两种方式任选其一即可。

（4）修改 UserController.php 文件，如图 9-23 所示，添加阴影部分所示的代码。

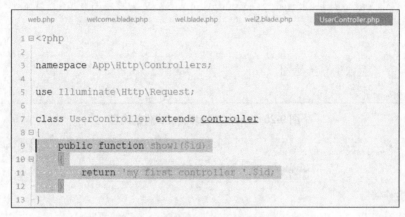

图 9-23　修改 UserController.php 文件

（5）定义一个指向控制器行为的路由。修改 web.php 文件，在文件后面添加如下代码。

```
Route::get('/user/show1/id}', 'UserController@show1');
```

这段代码表示当一个请求与此指定路由的 URI 匹配时，UserController 类的 show1 方法就会被执行。当然，路由参数也会被传递至该方法中。

（6）访问 http://localhost:81/l6/public/user/show1/100，路由/user/show1 的运行结果如图 9-24 所示。

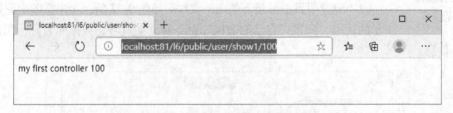

图 9-24　路由/user/show1 的运行结果

这里的路由字符串为"/user/show1"，可以看到这只是一个字符串定义，并没有目录上的层次结构。

（7）控制器转换为视图。修改 UserController.php 文件，在方法 show1 后面编写如下代码。

```
public function show2($name)
{
    return view('show2',['name'=>$name]);
}
```

（8）创建一个视图文件，在"resources/views"目录下新建文件"show2.blade.php"，其

内容如图 9-25 所示。

（9）定义一个指向控制器行为的路由。修改 web.php 文件，在文件后面添加如下代码。

```
Route::get('/user/show2/name/{name}', 'UserController@show2');
```

（10）访问 http://localhost:81/l6/public/user/show2/name/zjh，路由/user/show2 的运行结果如图 9-26 所示。

```
1  <!DOCTYPE html>
2  <html lang="zh">
3  <head>
4      <meta charset="UTF-8">
5      <meta name="viewport" content="width=device-width, initial-scale=1.0">
6      <meta http-equiv="X-UA-Compatible" content="ie=edge">
7      <title></title>
8  </head>
9  <body>
10     show2...{{$name}}
11 </body>
12 </html>
```

图 9-25　show2.blade.php 文件的内容

图 9-26　路由/user/show2 的运行结果

9.1.5　连接数据库

Laravel 是一个十分强大的框架，十分适合开发大中型应用。在实际应用中，大多数项目和数据库有关，这里介绍 Laravel 是如何连接 MySQL 数据库的。

【演练 9.5】熟悉 Laravel 如何连接 MySQL 数据库。

二维码 9-5

（1）配置项目根目录下的.env 文件。如图 9-27 所示，注意图中阴影部分所示的代码，配置好自己的数据库服务器、端口号、数据库名称、用户名、密码等信息。

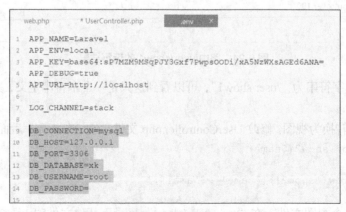

图 9-27　配置项目根目录下的.env 文件

（2）修改 UserController.php 文件，如图 9-28 所示，添加阴影部分所示的代码。

```php
<?php

namespace App\Http\Controllers;

use Illuminate\Http\Request;
use Illuminate\Support\Facades\DB;

class UserController extends Controller
{
    public function show1($id)
    {
        return 'my first controller '.$id;
    }

    public function show2($name)
    {
        return view('show2',['name'=>$name]);
    }

    public function show3()
    {
        $results=DB::select('SELECT * FROM  Course WHERE CouNo=:CouNo',['CouNo'=>'001']);
        dump($results);
    }
}
```

图 9-28　修改 UserController.php 文件

（3）修改 web.php 文件，在文件后面添加如下代码。

```php
Route::get('/user/show3', 'UserController@show3');
```

（4）访问 http://localhost:81/l6/public/user/show3，路由/user/show3 的运行结果如图 9-29 所示，注意图中鼠标指针所在的位置，单击可展开或折叠数据。

图 9-29　路由/user/show3 的运行结果

（5）在视图中显示数据，修改 UserController.php 文件，在方法 show3 后面添加如下代码。

```
public function show4()
{
    $Courses=DB::table('Course')->get();
    dump($Courses);
    foreach($Courses as $Course)
    {
        echo $Course->CouName.'<br>';
    }
    return view('show4',['Courses'=>$Courses]);
}
```

（6）创建一个视图文件，在"resources/views"目录下新建文件"show4.blade.php"，其内容如图 9-30 所示。

```
      web.php        show4.blade.php      UserController.php
  1   <!DOCTYPE html>
  2 ⊟ <html lang="zh">
  3 ⊟ <head>
  4       <meta charset="UTF-8">
  5       <meta name="viewport" content="width=device-width, initial-scale=1.0">
  6       <meta http-equiv="X-UA-Compatible" content="ie=edge">
  7       <title></title>
  8   </head>
  9 ⊟ <body>
 10       @foreach($Courses as $Course)
 11           <p>{{$Course->CouNo}}---{{$Course->CouName}}</p>
 12       @endforeach
 13   </body>
 14   </html>
```

图 9-30　show4.blade.php 文件的内容

（7）修改 web.php 文件，在文件后面添加如下代码。

```
Route::get('/user/show4', 'UserController@show4');
```

（8）访问 http://localhost:81/16/public/user/show4，路由/user/show4 运行结果如图 9-31 所示。其中，方法 show4 中的代码

```
dump($Courses);
```

的运行结果为图 9-31 中标注为"①"的部分。

```
foreach($Courses as $Course)
{
        echo $Course->CouName.'<br>';
}
```

的运行结果为图 9-31 中标注为"②"的部分。

```
return view('show4',['Courses'=>$Courses]);
```

的运行结果为图 9-31 中标注为"③"的部分。

（9）增、删、改操作：修改 UserController.php 文件，在方法 show4 后面添加如下代码。这里以 Laravel 执行原生 SQL 语句（DB::insert）的方式进行操作。并以 INSERT 语句为例进行讲解，UPDATE、DELETE 的操作与 INSERT 类似。

```
public function show5()
{
    DB::insert('INSERT INTO Course(CouNo,CouName) VALUES (?,?)',['099','Web前
端开发']);
}
```

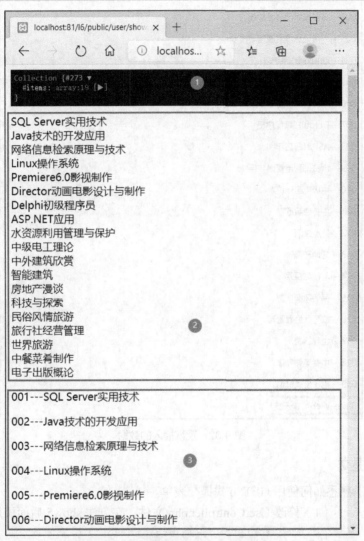

图 9-31　路由/user/show4 的运行结果

（10）修改 web.php 文件，在文件后面添加如下代码。

```
Route::get('user/show5', 'UserController@show5');
```

（11）访问 http://localhost:81/l6/public/user/show5，运行结果为空白即表示正常。如果再次刷新或运行文件，则会报错，因为该路由将向 course 中插入一条 CouNo 等于 099 的记录，重复运行会违反 course 的主键约束。

（12）自行在数据库中验证添加了一条记录，也可访问 http://localhost:81/l6/public/user/show4，观察插入的数据，如图 9-32 所示，可以发现确实添加了该条数据。

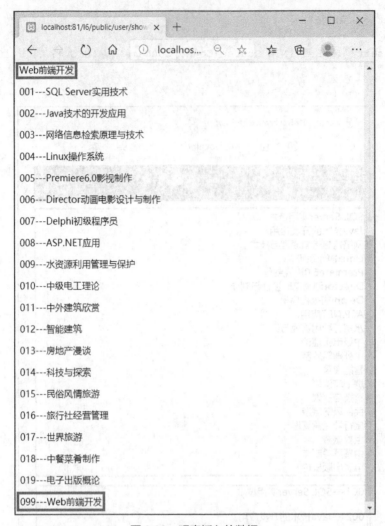

图 9-32　观察插入的数据

9.1.6　表单提交

【演练 9.6】熟悉如何使用 GET 方式提交表单。

二维码 9-6

（1）修改 UserController.php 文件，在方法 show5 后面添加如下代码。

```php
public function show6(Request $request)
{
    dump($request->all());
    dump($request->input('name'));
    return view('show6');
}
```

（2）创建一个视图文件，在"resources/views"目录下新建文件"show6.blade.php"，其内容如图 9-33 所示。

（3）修改 web.php 文件，在文件后面添加如下代码。

```php
Route::get('/user/show6', 'UserController@show6');
```

（4）以 GET 方式提交表单，访问 http://localhost:81/l6/public/user/show6，如图 9-34 所示，

在两个文本框中分别输入 "zjh" "20"，单击 "提交" 按钮。

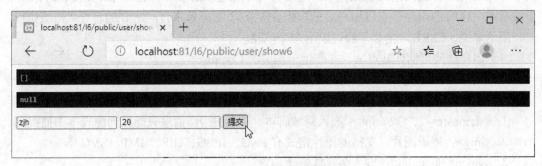

图 9-33　show6.blade.php 文件的内容

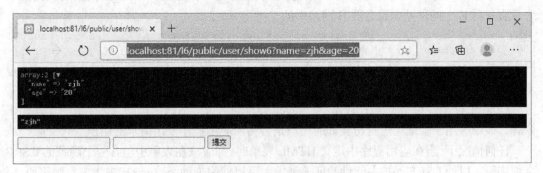

图 9-34　以 GET 方式提交表单

（5）GET 方式提交结果如图 9-35 所示，注意，以 GET 方式提交的数据会在地址栏中展示出来，在输出结果中也对应了正确的 name 和 age 值。

图 9-35　GET 方式提交结果

9.1.7　防范 CSRF 攻击

CSRF 是一种网络攻击方式，它可以在用户毫不知情的情况下，以用户的名义伪造请求发送给被攻击站点，从而在未授权的情况下进行权限保护内的操作。

二维码 9-7

具体来讲，可以这样理解 CSRF：攻击者借用用户的名义，向某一服务器发送恶意请求，对服务器而言，这一请求是完全合法的，但攻击者却完成了一个恶意操作，如以用户的名义发送恶意邮件、盗取账号等。

CSRF 攻击的过程比较简单，例如，网站 A 为存在 CSRF 漏洞的网站，网站 B 为攻击者构建的恶意网站，用户 C 为网站 A 的合法用户，则 CSRF 攻击的过程如下。

（1）用户 C 打开浏览器，访问受信任网站 A，输入用户名和密码并请求登录网站 A。

（2）在用户 C 信息通过验证后，网站 A 产生 Cookie 信息并返回给浏览器，此时用户 C 登录网站 A 成功，可以正常发送请求到网站 A。此后从用户 C 浏览器发送请求给网站 A 时都会默认携带用户 C 的 Cookie 信息。

（3）用户 C 未退出网站 A 之前，在同一浏览器中，打开一个标签页并访问网站 B。

（4）网站 B 接收到用户 C 的请求后，返回一些攻击性代码，并发出一个请求要求访问第三方站点 A。

（5）浏览器在接收到这些攻击性代码后，根据网站 B 的请求，在用户 C 不知情的情况下携带 Cookie 信息并向网站 A 发出请求。网站 A 并不知道该请求其实是由网站 B 发起的，所以会根据用户 C 的 Cookie 信息以用户 C 的权限处理该请求，导致来自网站 B 的恶意代码被执行。

简单来说，CSRF 攻击必须经过以下两个步骤。

（1）用户访问可信任站点 A，并产生了相关的 Cookie。

（2）用户在访问站点 A 时没有退出，同时访问了危险站点 B。

下面是常见跨域资源嵌入示例。

① <script src="..."></script>：嵌入跨域脚本，其语法错误信息只能在同源脚本中捕捉到。

② <img>：嵌入图片，支持的图片格式有 PNG、JPEG、GIF、BMP、SVG 等。

③ <video>和<audio>：嵌入多媒体资源。

CSRF 攻击的工作原理，就是利用浏览器的同源策略对嵌入资源不做限制的行为进行跨站请求伪造。用户浏览位于目标服务器 A 的网站，并通过登录验证，获取 cookie_session_id，并将其保存到浏览器 Cookie 中。在该用户未登出服务器 A，并在 session_id 失效前浏览位于恶意服务器 B 上的网站。服务器 B 网站中的

```
<img src = "http://www.altoromutual.com/bank/transfer.aspx?creditAccount=1001
160141&transferAmount=1000">
```

嵌入资源起了作用，迫使用户访问目标服务器 A，由于用户未登出服务器 A 并且 session-id 未失效，请求通过验证，非法请求被执行。

Laravel 框架避免了 CSRF 攻击：Laravel 会自动为每个活跃用户的会话生成一个 CSRF 令牌，该令牌用于验证经过身份验证的用户是否为向应用程序发出请求的用户。

任何情况下，当在应用程序中定义 HTML 表单时，都应该在表单中包含一个隐藏的 CSRF 令牌字段，以便 CSRF 保护中间件验证该请求。可以使用辅助函数@csrf 来生成令牌字段。

前面讲述了如何使用 GET 方式提交表单，下面将讲述如何使用 POST 方式提交表单和如何防范 CSRF 攻击。

【演练 9.7】熟悉如何防范 CSRF 攻击，并使用 POST 方式提交表单。

（1）修改 UserController.php 文件，在方法 show6 后面添加如下代码。

```
public function show7(request $request){
```

```
      return view('show7');
}
```

（2）创建一个视图文件，在 "resources/views" 目录下新建文件 "show7.blade.php"，其内容如图 9-36 所示。

```
web.php    show6.blade.php    show7.blade.php    Controller.php    UserController.php    show7post.blade.php

 1    <!DOCTYPE html>
 2  ⊟ <html lang="zh">
 3  ⊟ <head>
 4        <meta charset="UTF-8">
 5        <meta name="viewport" content="width=device-width, initial-scale=1.0">
 6        <meta http-equiv="X-UA-Compatible" content="ie=edge">
 7        <title></title>
 8    </head>
 9  ⊟ <body>
10  ⊟    <form action="show7post" method="post">
11         @csrf
12         <input type="text" name="CouNo">
13         <input type="text" name="CouName">
14         <input type="submit" value="提交">
15      </form>
16    </body>
17  </html>
```

图 9-36　show7.blade.php 文件的内容

（3）再创建一个视图文件，在 "resources/views" 目录下新建文件 "show7post.blade.php"，其内容如下。

```php
<?php
    namespace App\Http\Controllers;

    use Illuminate\Http\Request;
    use Illuminate\Support\Facades\DB;

    dump($_POST);
    dump($_POST['CouNo']);
    DB::insert('insert into Course (CouNo, CouName) values (?, ?)', [$_POST
['CouNo'],$_POST['CouName']]);
?>
```

（4）修改 web.php 文件，在文件后面添加如下代码。

```
Route::get('user/show7', 'UserController@show7');

Route::post('user/show7post', function () {
    return view('show7post');
});
```

（5）以 POST 方式提交表单访问 http://localhost:81/l6/public/user/show7，运行结果如图 9-37 所示，在两个文本框中分别输入 "100" "1+X 高级"，单击 "提交" 按钮。

【说明】当前路由为 user/show7，而该表单的 action="show7post"，当单击 "提交" 按钮时，路由就是 user/show7post。

（6）POST 方式提交结果如图 9-38 所示，注意，以 POST 方式提交的数据不会在地址栏中展现，可以看到生成的 "_token" 就是用来防范 CSRF 攻击的令牌，POST 提交的数据得到了正确输出。

（8）将 show7.blade.php 文件中的以下语句注释掉。

```
<!-- @csrf -->
```

（9）访问 http://localhost:81/l6/public/user/show7，在两个文本框中分别输入 "101" "测试课程"，单击 "提交" 按钮，即在没有 CSRF 时以 POST 方式提交表单，如图 9-40 所示。

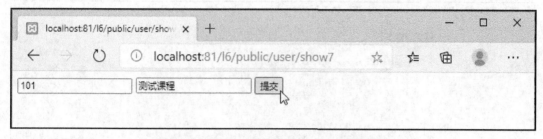

图 9-40   没有 CSRF 时以 POST 方式提交表单

【说明】此处课程代码不要和表中已有课程代码重复，以保证数据的合法性。

（10）运行结果如图 9-41 所示，可以看到，当没有防范 CSRF 攻击时进行 POST 操作将会给出 "Page Expired" 提示。可见，使用 Laravel 时，默认要求必须使用防范 CSRF 攻击方式进行 POST 操作。

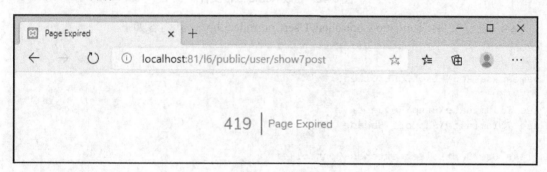

图 9-41   运行结果

9.2   基于 Laravel 设计自己的 API

【演练 9.8】基于 Laravel 初始化项目设计选课小程序 API。

（1）解压本书配套资源文件夹中的一键安装包 "l6.rar" 到 "C:\xampp\htdocs" 目录下，将解压后的文件夹重命名为 "l6xk"。编辑项目根目录下的 .env 文件，配置好自己的数据库服务器、端口号、数据库名称、用户名、密码等信息。

二维码 9-8

（2）如图 9-42 所示，修改 Kernel.php 文件，注释掉图中阴影部分所示的代码，API 本来就是供跨域使用的，不需要防止 CSRF 攻击。

```
'App\Http\Middleware\VerifyCsrfToken'
```

（3）修改 web.php 文件，其内容如下。

```php
<?php
Route::get('/a', 'UserController@a');
Route::get('/b', 'UserController@b');
Route::get('/c', 'UserController@c');
```

```
Route::get('/d/{CouNo}', 'UserController@d');
Route::get('/e/{StuNo}', 'UserController@e');
Route::POST('f', 'UserController@f');
Route::POST('g', 'UserController@g');
?>
```

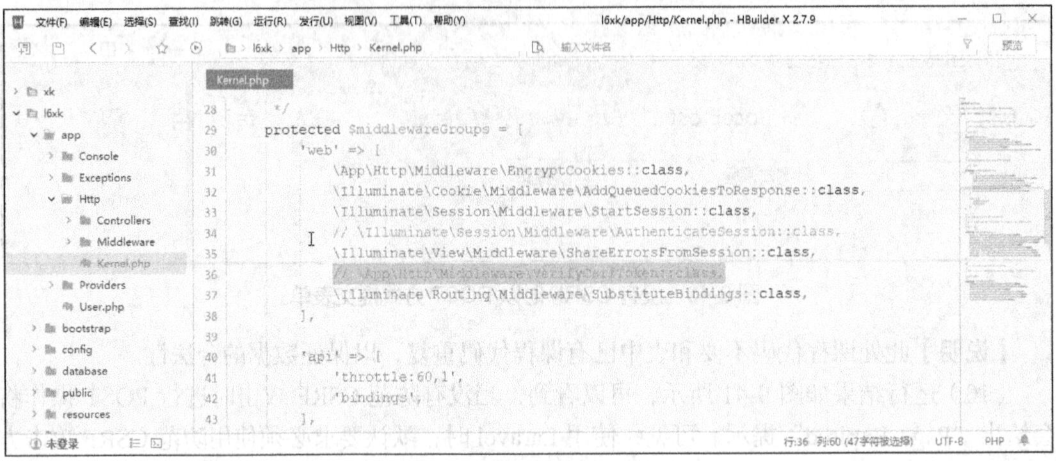

图 9-42　修改 Kernel.php 文件

（4）新建文件"app/Http/Controllers/UserController.php"，其内容如下。

```php
<?php

namespace App\Http\Controllers;

use Illuminate\Http\Request;
use Illuminate\Support\Facades\DB;

class UserController extends Controller
{
    public function a()
    {
        echo "hello...";
    }

    public function b()
    {
        $results=DB::table('Course')->get();
        echo '<table border="1"><tr><td>课程代码</td><td>课程名称</td><td>类别</td><td>学分</td></tr>';
        foreach($results as $Course)
        {
            echo "<tr><td> {$Course->CouName}</td> ".
                "<td>{$Course->CouName} </td> ".
                "<td>{$Course->CouName} </td> ".
                "<td>{$Course->CouName} </td> ".
                "</tr>";
        }
    }
```

```
    public function c()
    {
        $results=DB::table('Course')->get();
        echo json_encode($results,JSON_UNESCAPED_UNICODE);
    }

    public function d($CouNo)
    {
        $results=DB::select('SELECT StuCou.*,StuName FROM StuCou,Student WHERE
StuCou.StuNo=Student.StuNo AND CouNo = :CouNo',['CouNo'=>$CouNo]);
        echo json_encode($results,JSON_UNESCAPED_UNICODE);
    }

    public function e($StuNo)
    {
        $results=DB::select('SELECT    StuCou.CouNo,CouName,WillOrder    FROM
StuCou,Course WHERE StuCou.CouNo=Course.CouNo AND StuNo = :StuNo ORDER BY
WillOrder',['StuNo'=>$StuNo]);
        echo json_encode($results,JSON_UNESCAPED_UNICODE);
    }

    public function f()
    {
        $StuNo=$_POST['StuNo'];
        $Pwd=$_POST['Pwd'];
        $results=DB::select('SELECT * FROM Student WHERE StuNo = :StuNo AND Pwd
= :Pwd',['StuNo'=>$StuNo,'Pwd'=>$Pwd]);
        echo json_encode($results,JSON_UNESCAPED_UNICODE);
    }

    public function g()
    {
        $StuNo=$_POST['StuNo'];
        $CouNo=$_POST['CouNo'];
        try
        {
            DB::insert('INSERT    INTO    StuCou    (StuNo,    CouNo)    VALUES
(?,?)',[$StuNo,$CouNo]);
            $ret = ["status" => "成功"];
            echo json_encode($ret,JSON_UNESCAPED_UNICODE);
        }
        catch(\Exception $e)
        {
            $ret = ["status" => "失败"];
            echo json_encode($ret,JSON_UNESCAPED_UNICODE);
        }
    }
}
```

（5）访问 http://localhost:81/l6xk/public/a，自行观察结果。

（6）访问 http://localhost:81/l6xk/public/b，自行观察结果。

（7）访问 http://localhost:81/l6xk/public/c，自行观察结果。

（8）访问 http://localhost:81/l6xk/public/d/001，自行观察结果。

（9）访问 http://localhost:81/l6xk/public/e/00000001，自行观察结果。

（10）测试 Laravel 中的接口，如图 9-43 所示，运行 Postman，选择"POST"选项，在浏览器地址栏中输入"http://localhost:81/l6xk/public/f"，选中"Body"标签页，再选中"x-www-form-urlencoded"，输入如下的 Key 和 Value。

```
StuNo: 00000001
Pwd: 47FE680E
```

这是 student 中的一条数据，可以验证正确的学号和密码，单击"Send"按钮，将显示如下结果，表示登录成功。

```
[{"StuNo":"00000001","StuName":"林斌","ClassNo":"20000001","Pwd":"47FE680E"}]
```

如果学号和密码不正确，则将显示空数组。

图 9-43　测试 Laravel 中的登录接口

（11）测试选课报告数据，如图 9-44 所示，选择"POST"选项，在浏览器地址栏中输入"http://localhost:81/l6xk/public/g"，选中"Body"标签页，再选中"x-www-form-urlencoded"，输入如下的 Key 和 Value。

图 9-44　测试选课报名数据

```
StuNo: 00000001
CouNo: 007
```

单击"Send"按钮，将显示如下结果，表示学号为"00000001"的学生报名选修课程号为"007"的课程成功。

```
{"status":"成功"}
```

如果操作不成功，如重复报名选修相同课程，则将显示如下结果。

```
{"status":"失败"}
```

9.3 基于 Laravel 开发选课小程序

二维码 9-9

【演练 9.9】 开发选课小程序，使用 Laravel 设计的 API。

（1）导入第 8 章中完成的选课小程序。

（2）修改并保存 app.js 文件，如图 9-45 所示。

```
21        success: res => {
22          // 可以将 res 发送给后台解码出 unionId
23          this.globalData.userInfo = res.userI
24
25          // 由于 getUserInfo 是网络请求，可能会
26          // 所以此处加入 callback 以防止这种情况
27          if (this.userInfoReadyCallback) {
28            this.userInfoReadyCallback(res)
29          }
30        }
31      })
32    }
33  },
34  })
35  },
36  globalData: {
37    userInfo: null,
38    apiurl: 'http://localhost:81/l6xk/public/'
39  }
40 })
```

图 9-45　修改 app.js 文件

（3）修改并保存 course.js 文件，如图 9-46 所示。

```
1  Page({
2    /**
3     * 页面的初始数据
4     */
5    data: {
6      course: []
7    },
8    loadCourse: function () {
9      var _self = this;
10     wx.request({
11       url: getApp().globalData.apiurl + 'c',
12       method: "GET",
13       header: {
14         "Context-Type": "json"
15       },
```

图 9-46　修改 course.js 文件

（4）修改并保存 login.js 文件，如图 9-47 所示。

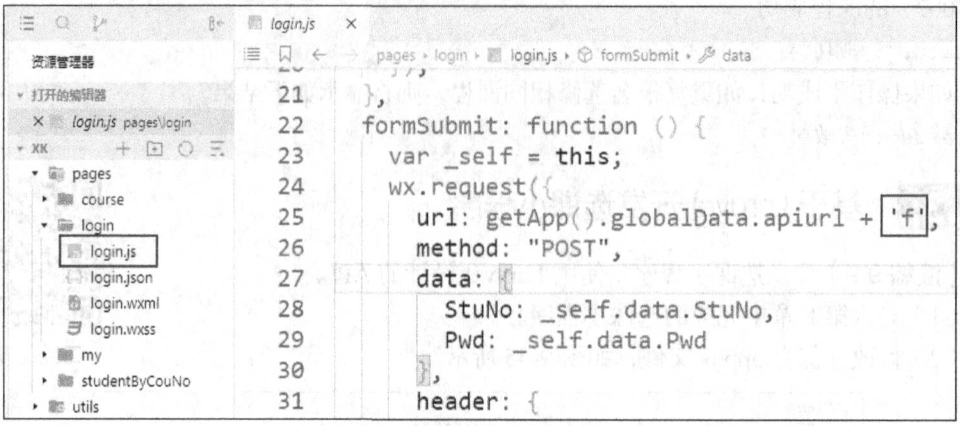

图 9-47　修改 login.js 文件

（5）修改并保存 my.js 文件，如图 9-48 所示。

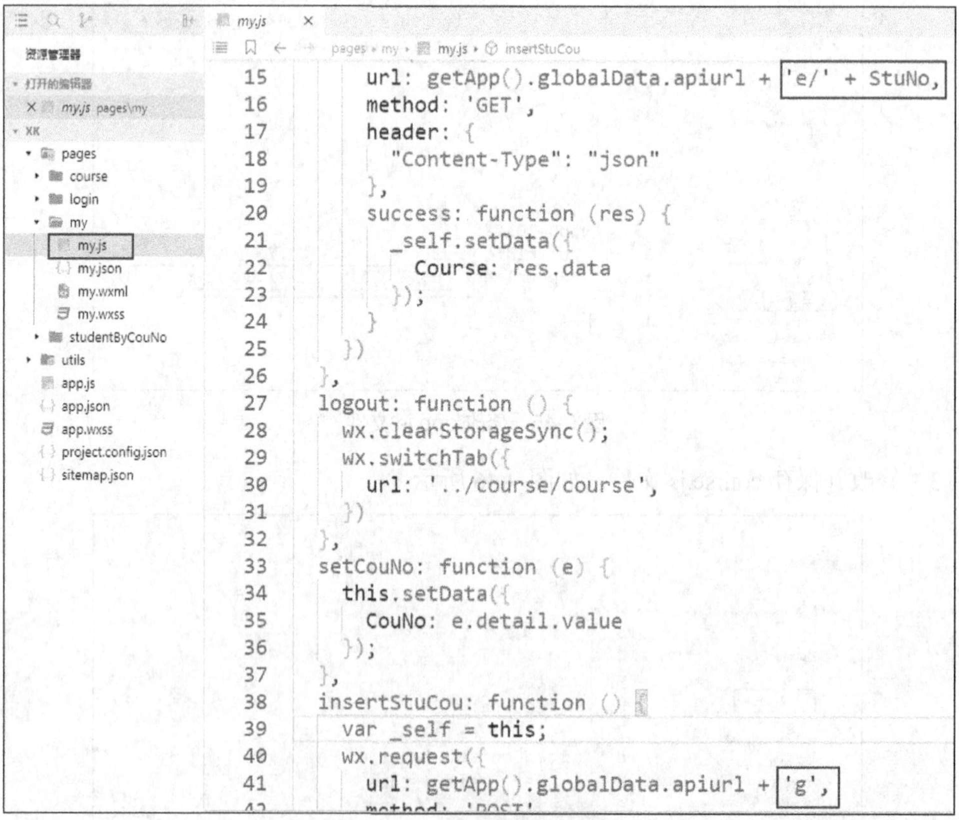

图 9-48　修改 my.js 文件

（6）修改并保存 studentByCouNo.js 文件，如图 9-49 所示。

（7）自行观察运行结果，可以看到只需修改极小量的代码即可将选课小程序改造完成。

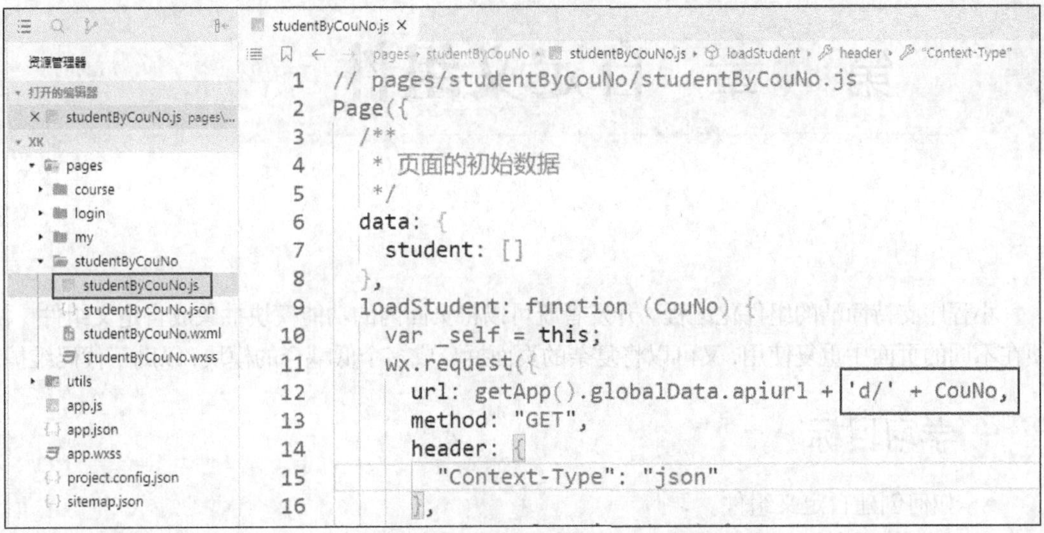

```
        studentByCouNo.js ×
    ≡ 🔖 ← → pages › studentByCouNo › ▦ studentByCouNo.js › ◈ loadStudent › ⌀ header › ⌀ "Context-Type"
1   // pages/studentByCouNo/studentByCouNo.js
2   Page({
3     /**
4      * 页面的初始数据
5      */
6     data: {
7       student: []
8     },
9     loadStudent: function (CouNo) {
10      var _self = this;
11      wx.request({
12        url: getApp().globalData.apiurl + 'd/' + CouNo,
13        method: "GET",
14        header: {
15          "Context-Type": "json"
16        },
```

图 9-49　修改 studentByCouNo.js 文件

本章思考

1. 能使用 Laravel 对数据库进行增、删、改、查的操作了吗？

2. 对框架有所理解了吗？后续自己学习其他框架是否会轻松一些呢？

3. 理解不管使用哪种后台方式的 API，对微信小程序而言，其本质上都是一样的。

第 10 章 自定义组件

小程序支持简洁的组件化编程。开发者既可以将页面内的功能模块抽象成自定义组件，以便在不同的页面中重复使用，又可以将复杂的页面拆分成多个低耦合的模块，以助于代码维护。

学习目标

- 如何创建自定义组件。
- 如何使用自定义组件。
- 理解页面和组件之间的数据传递机制。
- 理解如何定义和使用插槽。
- 了解组件的生命周期。

10.1 创建和使用自定义组件

10.1.1 创建自定义组件

二维码 10-1

【演练 10.1】创建自定义组件。

（1）导入第 2 章中完成的项目。

（2）在项目根目录下新建文件夹 "component"，用来存放项目的组件。

（3）在 "component" 目录下新建文件夹 "my-comp"，用来存放组件 my-comp。

（4）如图 10-1 所示，在目录树中右键单击 "my-comp" 文件夹，在弹出的快捷菜单中选择 "新建 Component" 选项，输入组件名称 "my-comp"，组件名称通常和文件夹名称相同（不是必须）。

（5）和创建 Page 类似，在 "my-comp" 文件夹下将自动生成 4 个文件，分别为 "my-comp.js" "my-comp.json" "my-comp.wxml" 和 "my-comp.wxss"。

（6）打开 my-comp.json 文件，其内容如下。其中，"component": true 表示这是一个组件。

```
{
  "component": true,
  "usingComponents": {}
}
```

（7）在目录树中选中 "my-comp.js" 文件，其内容如图 10-2 所示，可看到 "Component"。

（8）在组件的 WXML 文件中编写组件模板，修改 my-comp.wxml 文件，其内容如下。

```
<view>我的第一个自定义组件</view>
```

至此，最简单的自定义组件创建完毕。

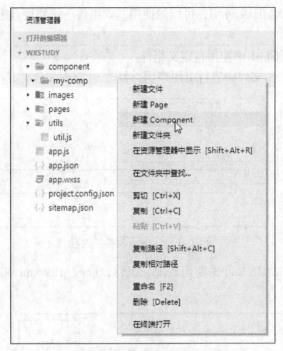

图 10-1 新建 Component

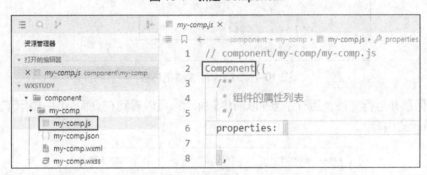

图 10-2 my-comp.js 文件的内容

（9）如果需要，可在 WXSS 文件中加入组件样式，其语法格式与页面的语法格式类似。但需要注意的是，在组件的 WXSS 文件中不可以使用 ID 选择器、属性选择器和标签名选择器。

（10）因为 WXML 节点标签名只能是小写字母、中划线和下画线的组合，所以建议自定义组件的标签名也尽量遵循这些规则。

（11）自定义组件和页面所在项目根目录名不能以"wx-"为前缀，否则会报错。

10.1.2　使用自定义组件

通常，使用自定义组件的步骤如下。

二维码 10-2

（1）在页面的 JSON 文件中进行引用声明。引用声明时，需要提供自定义组件的标签名和对应的自定义组件文件路径。

（2）在页面的 WXML 文件中，可以像使用基础组件一样使用自定义组件，节点名即自定义组件的标签名。

【演练 10.2】 在页面 p1 中使用自定义组件。

（1）在页面的 JSON 文件中进行引用声明，修改 p1.json 文件，其内容如图 10-3 所示。

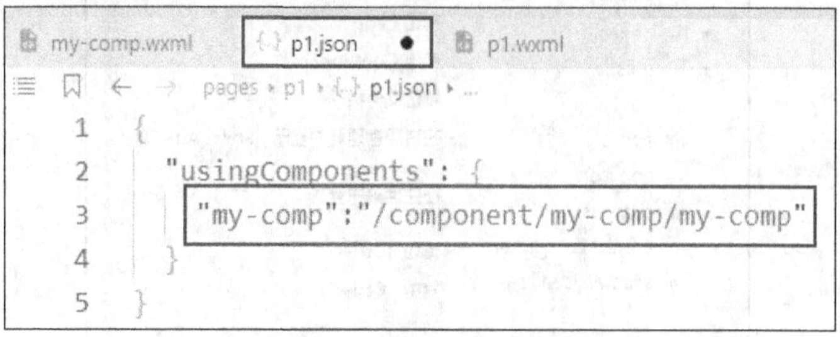

图 10-3　p1.json 文件的内容

（2）在页面的 WXML 文件中使用自定义组件，修改 p1.wxml 文件，其内容如图 10-4 所示。

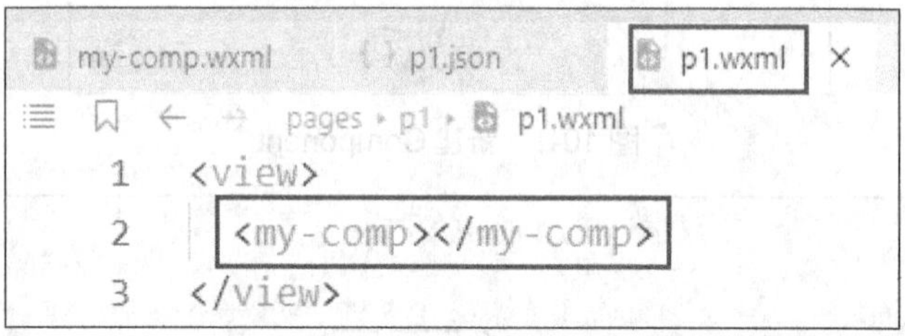

图 10-4　p1.wxml 文件的内容

（3）保存并运行文件，运行结果如图 10-5 所示，可以看到在页面 p1 中展示了自定义组件 my-comp 的内容。

图 10-5　自定义组件的运行结果

（4）这里讲解的是在页面中引用自定义组件，自定义组件也可以引用自定义组件，方法和页面引用自定义组件的方法类似，也是在 usingComponents 处引用声明。

10.1.3　页面和组件之间的数据传递

二维码 10-3

组件间的基本通信方式如下。

（1）WXML 数据绑定：用于父组件向子组件的指定属性设置数据。

（2）事件：用于子组件向父组件传递数据，可以传递任意数据。

这里的父组件也可以是使用组件的页面。

【演练 10.3】 页面 p1 向组件 my-comp 传递数据。

（1）在组件的 JS 文件中声明属性，修改 my-comp.js 文件，其内容如图 10-6 所示。这里声明了一个学号 stuNo，类型为 string，默认值为 "00000000"，即当父组件没有给此属性传值时，会使用该默认值。

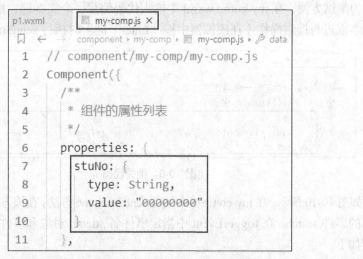

图 10-6　my-comp.js 文件的内容（声明属性）

（2）为测试运行结果，在组件的 WXML 文件中展示 stuNo 的值。修改 my-comp.wxml 文件，其内容如图 10-7 所示。

图 10-7　my-comp.wxml 文件的内容

（3）页面使用组件，并向组件的属性 stuNo 传值。修改 p1.wxml 文件，其内容如下。

```
<view>
 <my-comp stuNo="00000001"></my-comp>
</view>
```

（4）保存并运行文件，可以看到传递的学号值为 "00000001"，其可以正确地在组件中展示出来，如图 10-8 所示。

图 10-8　传递的学号值为 "00000001"

【演练 10.4】组件 my-comp 向页面 p1 传递数据。

事件是组件间通信的主要方式之一，其通信步骤如下。

① 自定义组件触发定义的事件。

② 引用组件的页面监听事件。

下面通过演练进行说明。

（1）为测试方便，在 my-comp.wxml 中输入代码编写一个文本框，相关代码如图 10-9 所示，当文本框进行搜索操作（在模拟器中按 “Enter” 键）时执行 sendStuName 方法。

```
<view>我的第一个自定义组件</view>
<view>{{stuNo}}</view>
<view>
  <input placeholder="请输入姓名" bindconfirm="sendStuName"></input>
</view>
```

图 10-9　相关代码

（2）如图 10-10 所示，在 my-comp.js 中编写 sendStuName 方法，在该方法中使用 triggerEvent 触发定义的事件 search。在 triggerEvent 中指定事件名、detail 对象和事件选项（通常可省略），具体内容如下。

指定的事件名：search。

detail 对象：{"stuName": e.detail.value}，这里的 e.detail.value 就是文本框中输入的值。

事件选项：省略。

```
  /**
   * 组件的方法列表
   */
  methods: {
    sendStuName: function (e) {
      console.log(e.detail.value);
      this.triggerEvent('search',{"stuName":e.detail.value})
    }
  }
})
```

图 10-10　编写 sendStuName 方法

（3）引用组件的页面监听事件。如图 10-11 所示，修改 p1.wxml 文件，因为要监听 search 事件，所以使用 bindsearch 来进行监听，即 bind+要监听的事件名称，具体监听的方法名为 search。

```
<view>
  <my-comp stuNo="00000001" bindsearch="search"></my-comp>
</view>
```

图 10-11　引用组件的页面监听事件

（4）如图 10-12 所示，修改 p1.js 文件，编写 search 方法，这里只是简单地从控制台上输出 e.detail 以观察结果。

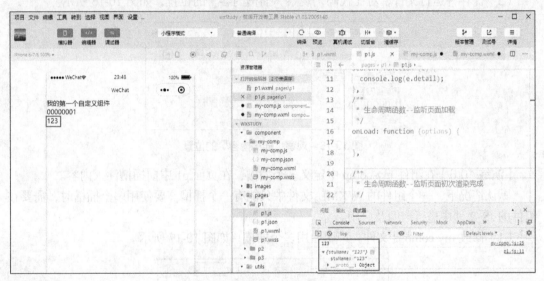

图 10-12 编写 search 方法

（5）保存并运行文件，运行结果如图 10-13 所示，观察控制台输出的结果，可以看到 e.detail 中包含组件传递过来的 detail 对象，即达到了组件 my-comp 向页面 p1 传递值的目标。

在{"stuName": "123"}中，123 为文本框中输入的值。

图 10-13 运行结果

10.2 插槽

插槽（Slot）是 Vue.js 提出来的一个概念，插槽用于将所携带的内容插入到指定的某个位置，从而使模板分块，具有模块化的特质和更大的重用性。

插槽是否显示、如何显示是由父组件来控制的，而插槽在哪里显示是由子组件来控制的。

二维码 10-4

【演练 10.5】在组件 my-comp 中定义单个插槽，在页面 p1 中向插槽注入内容。

（1）在组件的 WXML 文件中可以包含\<slot\>\</slot\>节点，用于承载组件使用者提供的 WXML 结构。修改 my-comp.wxml 文件，修改后的文件内容如图 10-14 所示。

```
my-comp.wxml ×    p1.wxml      my-comp.js
         ←    component ▸ my-comp ▸    my-comp.wxml
1   <view>我的第一个自定义组件</view>
2   <slot></slot>
3   <view>{{stuNo}}</view>
4   <view><input placeholder="请输入姓名" bindconfirm="sendStuName"></input></view>
```

图 10-14　my-comp.wxml 文件的内容

（2）在 p1.wxml 中向插槽注入内容。修改 p1.wxml 文件，其内容如图 10-15 所示。现在编写的内容会展示在组件中定义插槽的位置。

```
my-comp.wxml      p1.wxml ×    my-comp.js
         ←    pages ▸ p1 ▸    p1.wxml
1   <view>
2       <my-comp stuNo="00000001" bindsearch="search"><view>插槽内容</view></my-comp>
3   </view>
```

图 10-15　p1.wxml 文件的内容

（3）保存并运行文件，对比代码，观察"插槽内容"的位置，如图 10-16 所示。

图 10-16　观察"插槽内容"的位置

【演练 10.6】在组件 my-comp 中定义多个插槽，在页面 p1 中向插槽注入内容。

默认情况下，一个组件的 WXML 文件中只能有一个插槽。要使用多个插槽时，需要在组件的 JS 文件中进行声明及启用。

（1）修改 my-comp.js 文件，声明启用多个插槽，如图 10-17 所示。

```
my-comp.wxml      p1.wxml      my-comp.js ×
         ←    component ▸ my-comp ▸    my-comp.js ▸    data
1   // component/my-comp/my-comp.js
2   Component({
3     /**
4      * 组件的属性列表
5      */
6     options:{
7       multipleSlots:true
8     },
9     properties: {
10      stuNo: {
11        type: String,
12        value: "00000000"
13      }
14    },
```

图 10-17　声明启用多个插槽

（2）在组件的 WXML 文件中定义多个插槽，以不同的 name 来区分。修改 my-comp.wxml 文件，如图 10-18 所示，这里定义了两个插槽，name 分别为“a”和“b”。

```
my-comp.wxml ●   p1.wxml   my-comp.js
component › my-comp › my-comp.wxml
<view>我的第一个自定义组件</view>
<slot name="a"></slot>
<view>{{stuNo}}</view>
<slot name="b"></slot>
<view><input placeholder="请输入姓名" bindconfirm="sendStuName"></input></view>
```

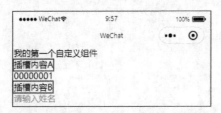

图 10-18 定义两个插槽

（3）使用时，用 slot 属性将节点插入到不同的插槽上。修改 p1.wxml 文件，其内容如图 10-19 所示。

```
my-comp.wxml   p1.wxml ●   my-comp.js
pages › p1 › p1.wxml
<view>
  <my-comp stuNo="00000001" bindsearch="search">
    <view slot="a">插槽内容A</view>
    <view slot="b">插槽内容B</view>
  </my-comp>
</view>
```

图 10-19 p1.wxml 文件的内容

（4）保存并运行文件，对比代码，注意观察“插槽内容 A”和“插槽内容 B”的位置，如图 10-20 所示。

图 10-20 观察“插槽内容 A”和“插槽内容 B”的位置

10.3 组件的生命周期

组件的生命周期指的是组件自身的一些函数，这些函数在特殊的时间点或遇到一些特殊的框架事件时被自动触发。

二维码 10-5

其中，最常用的生命周期函数有 created 和 attached。

created：组件实例刚刚被创建好时被触发。此时，组件数据 this.data 就是在 Component 中定义的数据，且不能调用 setData。通常情况下，此生命周期函数只用于给组件 this 添加一些自定义属性字段。

attached：在组件完全初始化完毕、进入页面节点树后被触发。此时，this.data 已被初始化为组件的当前值，绝大多数初始化工作在此时进行。

【演练 10.7】熟悉组件生命周期函数的用法。

（1）修改 my-comp.js 文件，其内容如图 10-21 所示。

```
// component/my-comp/my-comp.js
Component({
  lifetimes: {
    created: function () {
      console.log("组件实例刚刚被创建好");
    },
    attached: function () {
      console.log("在组件实例进入页面节点树时执行");
    }
  },
  options: {
    multipleSlots: true
  },
```

图 10-21　my-comp.js 文件的内容

（2）保存并运行文件，自行观察结果。

本章思考

1. 能创建并使用组件了吗？
2. 理解插槽的作用了吗？
3. 组件最常用的生命周期函数有哪些？

第 11 章 WeUI 组件库

WeUI 组件库是一套基于样式库 weui.wxss 开发的小程序扩展组件库，是同微信原生视觉体验一致的 UI 组件库，由微信官方设计团队和小程序团队为微信小程序量身设计，令用户的使用感知更加统一。

学习目标

- 通过 WeUI 组件库的学习，掌握如何使用第三方组件库。
- 掌握如何部署和使用 WeUI 组件库。
- 掌握 WeUI 组件库中常用组件的用法。

11.1 WeUI 项目的背景、下载及部署

随着小程序的普及，微信也有很多内部小程序在开发，每个小程序都需要从 0 到 1 进行开发设计，而这个过程中，有大量的 UI 交互是重复的。另外，微信内部已经有一套 H5 版本的 WeUI 样式库。综合考虑，微信团队基于 WeUI 样式库开发了小程序版本的 UI 组件库，并将这套组件库开源给外部开发者使用。

在开发微信小程序的过程中，选择一款好用的组件库可以达到事半功倍的效果。

11.1.1 Node.js 的下载及安装

下面将通过 npm 方式下载并构建使用 WeUI 组件库的项目，所以需要先下载并安装 Node.js。

Node.js 是一个基于 Chrome V8 引擎的 JavaScript 运行环境。现在不用学习 Node.js 编程的相关知识，只需安装好 Node.js，保证 npm 命令正确运行即可。

二维码 11-1

【演练 11.1】安装 Node.js。

（1）在 Node.js 中文网中选择下载所需 Node.js 的版本，这里选择的是 Windows 操作系统 64 位的 Node.js，如图 11-1 所示。

（2）下载完成后，单击"运行"按钮。

（3）弹出欢迎向导，单击"Next"按钮，如图 11-2 所示。

（4）选择是否接受用户许可协议，选中"I accept the terms in the License Agreement"复选框，单击"Next"按钮，如图 11-3 所示。

（5）选择安装文件夹，单击"Next"按钮，如图 11-4 所示。

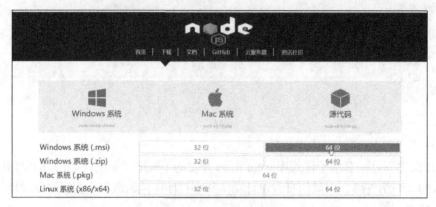

图 11-1　下载 Node.js

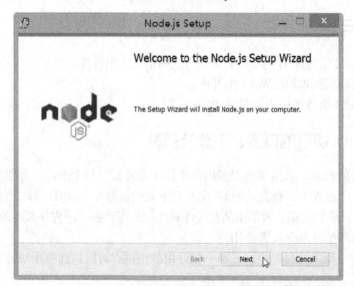

图 11-2　欢迎向导

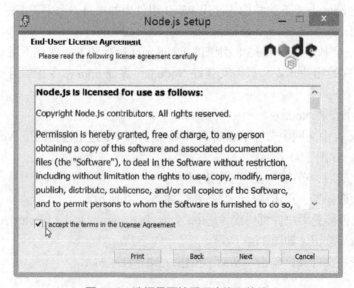

图 11-3　选择是否接受用户许可协议

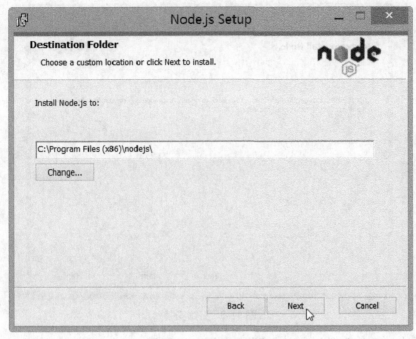

图 11-4　选择安装文件夹

（6）选择安装位置，单击"Next"按钮，如图 11-5 所示。

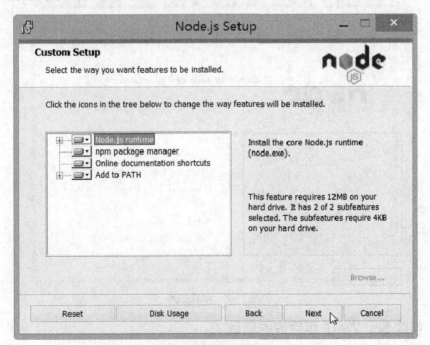

图 11-5　选择安装位置

（7）单击"Install"按钮，开始安装，如图 11-6 所示。

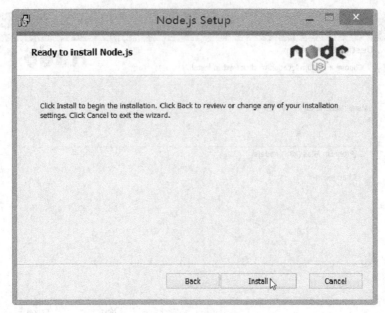

图 11-6　开始安装

（8）单击"Finish"按钮，完成安装，如图 11-7 所示。

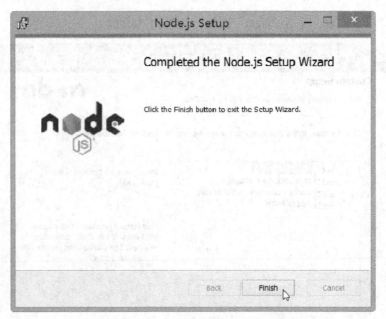

图 11-7　完成安装

11.1.2　创建基于 WeUI 组件库的项目

【演练 11.2】创建项目并使用 WeUI 组件库。

（1）复制第 2 章中完成的项目，并打开该项目。

（2）如图 11-8 所示，进入项目根目录，运行"cmd"命令。

二维码 11-2

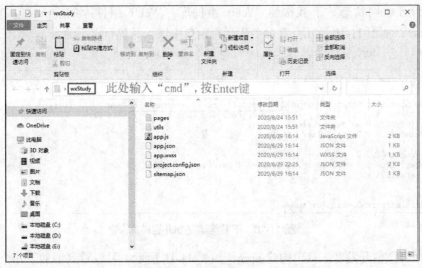

图 11-8　运行 "cmd" 命令

（3）如图 11-9 所示，输入 "npm init"，按 "Enter" 键，后面的选项都保留默认值并按 "Enter" 键，用于初始化项目并创建 package.json 文件。

图 11-9　初始化项目并创建 package.json 文件

（4）保证联网状态，下载构建 WeUI 组件库。WeUI 组件库的 npm 包名为 weui-miniprogram，如图 11-10 所示，在命令提示符窗口中输入并执行以下命令。

```
npm install --save --production weui-miniprogram
```

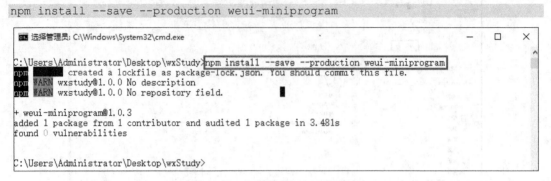

图 11-10　下载构建 WeUI 组件库

（5）回到微信开发者工具，构建 npm，如图 11-11 所示，可以看到增加了几个文件及目录，选择"工具"→"构建 npm"选项，构建完成后，单击"确定"按钮。

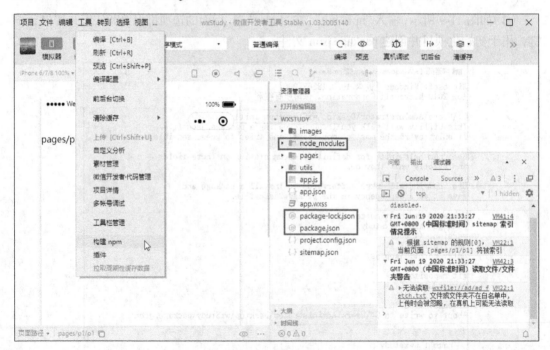

图 11-11　构建 npm

（6）如图 11-12 所示，单击"详情"按钮，选中"本地设置"标签页，选中"使用 npm 模块"复选框。

（7）引入 WeUI 组件库的样式文件 weui.wxss，在 app.wxss 中输入图 11-13 中方框所示的代码。

（8）在页面的 JSON 文件中加入 usingComponents 配置字段。在 p1.json 中输入图 11-14 中方框所示的代码，表示使用 WeUI 组件库的 dialog 组件，组件名称为"mp-dialog"。

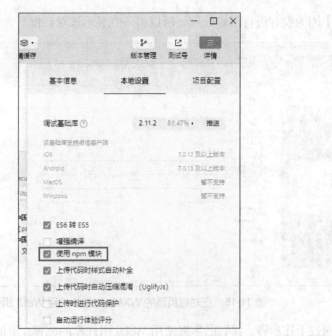

图 11-12　选中 "使用 npm 模块" 复选框

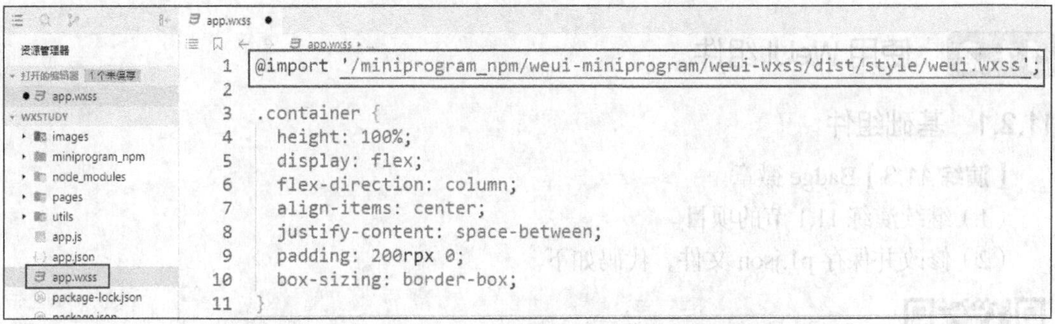

图 11-13　引入 WeUI 组件库的样式文件 weui.wxss

图 11-14　在页面的 JSON 文件中加入 usingComponents 配置字段

（9）在对应页面的 WXML 文件中直接使用 WeUI 组件。在 p1.wxml 中输入图 11-15 中方框所示的代码，表示使用 "mp-dialog" 组件。

【说明】因为没有进行逻辑处理，所以将一直显示该对话框。

图 11-15　在对应页面的 WXML 文件中使用 WeUI 组件

（10）通过上述步骤，我们已掌握使用 WeUI 组件库的流程，下面将介绍 WeUI 组件库中常用组件的具体用法。

11.2　使用 WeUI 组件

11.2.1　基础组件

【演练 11.3】Badge 徽章。

（1）继续演练 11.1 节的项目。

（2）修改并保存 p1.json 文件，代码如下。

二维码 11-3

```json
{
  "usingComponents": {
    "mp-cells": "/miniprogram_npm/weui-miniprogram/cells/cells",
    "mp-cell": "/miniprogram_npm/weui-miniprogram/cell/cell",
    "mp-badge": "/miniprogram_npm/weui-miniprogram/badge/badge"
  }
}
```

（3）修改并保存 p1.wxml 文件，代码如下。

```
<view class="page">
  <view class="page__bd">
    <mp-cells title="Badge 徽章">
      <mp-cell>
        <view slot="title" style="position: relative;margin-right: 10px;">
          <image src="/images/p2.jpg" style="width: 50px; height: 50px; display:
block"/>
          <mp-badge content="99+" style="position: absolute;top: -.4em;right:
-.4em;"/>
        </view>
      </mp-cell>
      <mp-cell link>
```

```
        <view style="display: inline-block; vertical-align: middle">单行列表
</view>
        <mp-badge content="8" style="margin-left: 5px;"/>
        <mp-badge style="margin-left: 5px;" content="New"/>
    </mp-cell>
    </mp-cells>
  </view>
</view>
```

（4）Badge 徽章组件运行结果如图 11-16 所示。

图 11-16　Badge 徽章组件运行结果

11.2.2　表单组件

【演练 11.4】单选按钮、复选框。

（1）继续演练 11.1 节的项目。

二维码 11-4

（2）修改并保存 p1.json 文件，代码如下。

```
{
"component": true,
"usingComponents": {
 "mp-toptips": "/miniprogram_npm/weui-miniprogram/toptips/toptips",
 "mp-cells": "/miniprogram_npm/weui-miniprogram/cells/cells",
 "mp-cell": "/miniprogram_npm/weui-miniprogram/cell/cell",
 "mp-checkbox": "/miniprogram_npm/weui-miniprogram/checkbox/checkbox",
 "mp-checkbox-group": "/miniprogram_npm/weui-miniprogram/checkbox-group/ch
eckbox-group",
 "mp-form": "/miniprogram_npm/weui-miniprogram/form/form"
 }
}
```

（3）修改并保存 p1.wxml 文件，代码如下。

```
<view class="page" xmlns:wx="http://www.w3.org/1999/xhtml">
  <view class="page__bd">
    <mp-form id="form" rules="{{rules}}" models="{{formData}}">
      <mp-cells title="单选列表项">
        <mp-checkbox-group prop="radio" multi="{{false}}"
bindchange="radioChange">
          <mp-checkbox wx:for="{{radioItems}}" wx:key="value"    label="{{item.
name}}" value="{{item.value}}" checked="{{item.checked}}"></mp-checkbox>
        </mp-checkbox-group>
      </mp-cells>
```

159

```
    <mp-cells title="复选列表项">
      <mp-checkbox-group prop="checkbox" multi="{{true}}" bindchange="checkbox
Change">
        <mp-checkbox wx:for="{{checkboxItems}}" wx:key="value" label="{{item.
name}}" value="{{item.value}}" checked="{{item.checked}}"></mp-checkbox>
      </mp-checkbox-group>
    </mp-cells>
  </mp-form>
 </view>
</view>
```

（4）修改并保存 p1.js 文件，代码如下。

```
Component({
 data: {
  radioItems: [
    {name: '男', value: '0', checked: true},
    {name: '女', value: '1'}
  ],
  checkboxItems: [
    {name: '看书', value: '0', checked: true},
    {name: '运动', value: '1'}
  ],

  rules: [{
    name: 'radio',
    rules: {required: true, message: '单选列表是必选项'},
  }, {
    name: 'checkbox',
    rules: {required: true, message: '多选列表是必选项'},
  }]
 },
 methods: {
  radioChange: function (e) {
    console.log('radio 发生 change 事件，携带 value 值为：', e.detail.value);

    var radioItems = this.data.radioItems;
    for (var i = 0, len = radioItems.length; i < len; ++i) {
      radioItems[i].checked = radioItems[i].value == e.detail.value;
    }

    this.setData({
      radioItems: radioItems,
      ['formData.radio']: e.detail.value
    });
  },
  checkboxChange: function (e) {
    console.log('checkbox 发生 change 事件，携带 value 值为：', e.detail.value);

    var checkboxItems = this.data.checkboxItems, values = e.detail.value;
    for (var i = 0, lenI = checkboxItems.length; i < lenI; ++i) {
      checkboxItems[i].checked = false;
```

```
        for (var j = 0, lenJ = values.length; j < lenJ; ++j) {
            if(checkboxItems[i].value == values[j]){
                checkboxItems[i].checked = true;
                break;
            }
        }
    }

    this.setData({
        checkboxItems: checkboxItems,
        ['formData.checkbox']: e.detail.value
    });
    }
  }
});
```

（5）单选按钮、复选框组件的运行结果如图 11-17 所示。

图 11-17　单选按钮、复选框组件的运行结果

本章思考

1. 学会如何部署 WeUI 组件库了吗？
2. 掌握了哪些 WeUI 组件的用法？
3. 能自学其他第三方组件库了吗？

附录 前端知识补充

F.1 ES6

ECMAScript 6.0 简称 ES6，是 JavaScript 的下一代标准，已经在 2015 年 6 月正式发布。它的目标是使 JavaScript 可以编写复杂的大型应用程序，成为企业级开发语言。

ECMAScript 和 JavaScript 到底是什么关系呢？

1996 年 11 月，JavaScript 的创造者——Netscape 公司决定将 JavaScript 提交给国际标准化组织 ECMA，希望这种语言能够成为国际标准。1997 年，ECMA 发布了 262 号标准文件（ECMA-262）的第一版，规定了浏览器脚本语言的标准，并将这种语言称为 ECMAScript 1.0。

该标准从一开始就是针对 JavaScript 语言制定的，其名称之所以不为 JavaScript，有两个原因：一是商标，Java 是 Sun 公司的商标，根据授权协议，只有 Netscape 公司可以合法地使用 JavaScript 这个名称，且 JavaScript 本身也已经被 Netscape 公司注册为商标；二是想体现这门语言的制定者是 ECMA，而不是 Netscape，这样有利于保证这门语言的开放性和中立性。

因此，ECMAScript 和 JavaScript 的关系如下：前者是后者的规格，后者是前者的一种实现（其他 ECMAScript 语言还有 Jscript 和 ActionScript）。

附录的测试环境为 Chrome 浏览器。为避免前后示例变量的影响，可在浏览器上为每一个演练打开一个新的标签页进行测试。

F.1.1 let 和 const 命令

let 命令用来声明变量。它的用法类似于 var，但是其所声明的变量只在 let 命令所在的代码块内有效。

【演练 F.1】熟悉 let 和 const 命令的使用。

（1）在浏览器中启用开发者工具。

（2）如图 F-1 所示，在控制台上输入如下命令，观察结果。注意：图 F-1 中 ">" 后为输入测试的代码，多行代码之间换行时可按 "Shift+Enter" 组合键，"<" 后为代码运行结果。

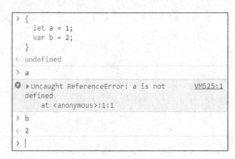

图 F-1 let 命令的使用

【说明】在上面的代码中，在代码块（这里是在一对{}之中）中分别用 let 和 var 声明了两个变量，并在代码块之外调用这两个变量，结果是 let 声明的变量报错，var 声明的变量返回了正确的值。这表明 let 声明的变量只在它所在的代码块内有效。

（3）for 循环很合适使用 let 命令，因为通常循环的变量只在循环体内部使用，在外部是不需要的。如图 F-2 所示，在控制台上输入如下命令，观察结果。

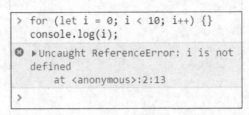

图 F-2　for 循环

【说明】计数器 i 只在 for 循环体内有效，在循环体外引用时会报错。

（4）const 命令用于声明一个只读的常量。一旦声明，常量的值就不能改变。如图 F-3 所示，在控制台上输入如下命令，观察结果。

```
> const PI = 3.1415;
  PI = 3;
✗ Uncaught SyntaxError: Identifier 'PI' has already been declared
```

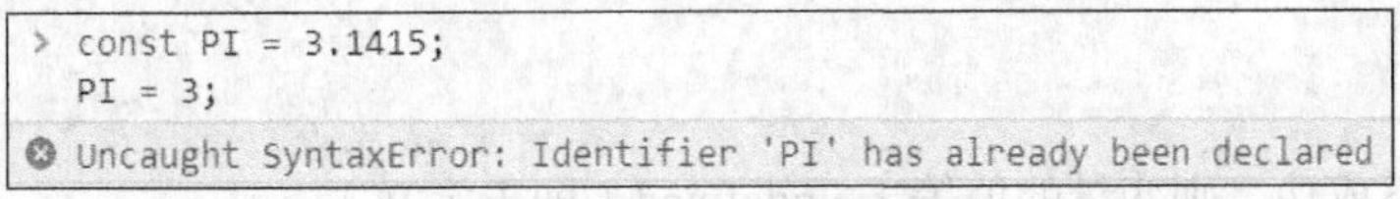

图 F-3　const 命令的使用

【说明】重新赋值 const 命令声明的常量，结果报错。

F.1.2　解构赋值

ES6 允许按照一定模式从数组和对象中提取值，对变量进行赋值，这被称为解构。

【演练 F.2】 熟悉解构赋值。

（1）在浏览器中启用开发者工具。

（2）熟悉解构赋值。如图 F-4 所示，在控制台上输入如下命令，观察结果。

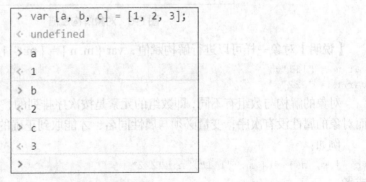

图 F-4　解构赋值

【说明】var [a, b, c] = [1, 2, 3]; 表示可以从数组中按照对应位置提取值并对变量赋值。此语句相当于

```
var a = 1;
```

```
var b = 2;
var c = 3;
```

（3）熟悉解构赋值模式匹配。如图 F-5 所示，在控制台上输入如下命令，观察结果。

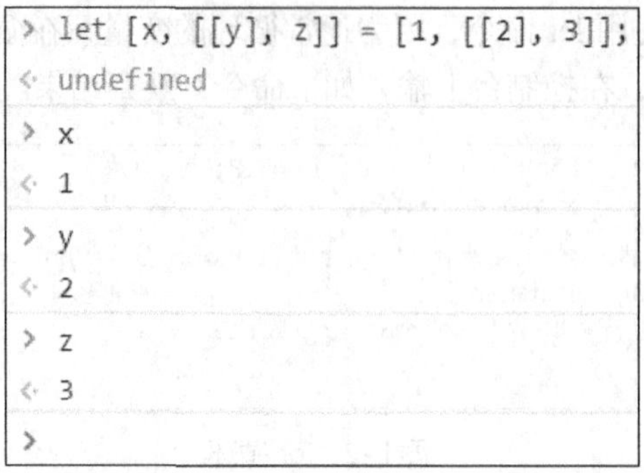

图 F-5　解构赋值模式匹配

【说明】本质上，这种写法属于"模式匹配"，只要等号两边的模式相同，等号左边的变量就会被赋予对应的值。let [x, [[y], z]] = [1, [[2], 3]]; 相当于

```
let x = 1;
let y = 2;
let z = 3;
```

如果解构不成功，则变量的值等于 undefined（即未定义）。

（4）熟悉对象解构赋值。如图 F-6 所示，在控制台上输入如下命令，观察结果。

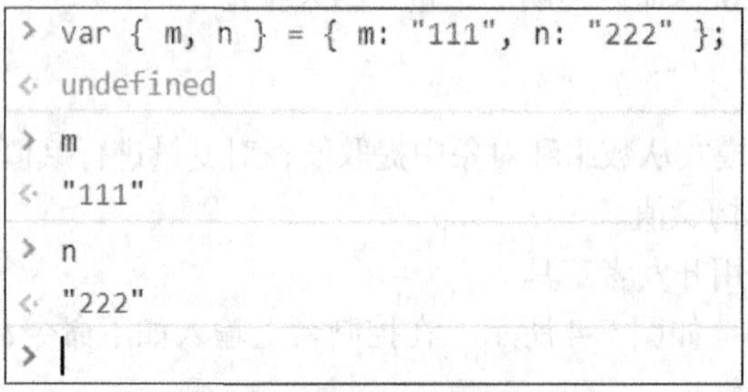

图 F-6　对象解构赋值

【说明】对象一样可以进行解构赋值，var { m, n } = { m: "111", n: "222" }; 相当于

```
var m = "111";
var n = "222";
```

对象的解构与数组有不同，即数组的元素是按次序排列的，变量的取值由它的位置决定；而对象的属性没有次序，变量必须与属性同名，才能取到正确的值。

例如：

```
var { m, n } = { m: "111", n: "222" };
```

或者

```
var { n, m } = { m: "111", n: "222" };
```

的作用是一样的。

（5）熟悉字符串解构赋值。如图 F-7 所示，在控制台上输入如下命令，观察结果。

```
> const [a, b, c, d, e] = 'world';
< undefined
> a
< "w"
> b
< "o"
> c
< "r"
> d
< "l"
> e
< "d"
> |
```

图 F-7　字符串解构赋值

【说明】字符串也可以解构赋值，这里字符串被转换成为一个类似数组的对象。

（6）熟悉类似数组的解构赋值。如图 F-8 所示，在控制台上输入如下命令，观察结果。

```
> let {length : len} = 'world';
< undefined
> len
< 5
>
```

图 F-8　类似数组的解构赋值

【说明】类似数组的对象都有一个 length 属性，可以对这个属性进行解构赋值。这里 len 得到 length 属性的值，结果为 5。

【演练 F.3】解构赋值的用途。

（1）交换变量的值。如图 F-9 所示，在控制台上输入如下命令，观察结果。

```
> [x,y]=[1,2];
< ▶ (2) [1, 2]
> [x, y] = [y, x];
< ▶ (2) [2, 1]
> |
```

图 F-9　交换变量的值

【说明】[x, y] = [y, x]; 用于交换变量 x 和 y 的值，这样的写法不但简洁，而且易读，语义非常清晰。

（2）解构从函数返回的多个值。函数只能返回一个值，如果要返回多个值，则可以将它们放在数组或对象中返回，有了解构赋值，取出这些值会更方便。如图 F-10 所示，在控制台上输入如下命令，观察结果。

```
> function e1() {
    return [1, 2, 3];
  }
  var [a, b, c] = e1();
< undefined
> a
< 1
> b
< 2
> c
< 3
>
```

图 F-10　解构从函数返回的多个值

（3）解构从函数返回的对象。如图 F-11 所示，在控制台上输入如下命令，观察结果。

```
> function e2() {
    return {
      x: 1,
      y: 2
    };
  }
  var { x, y } = e2();
< undefined
> x
< 1
> y
< 2
>
```

图 F-11　解构从函数返回的对象

（4）解构 JSON 数据。如图 F-12 所示，在控制台上输入如下命令，观察结果。

```
> var student = {
    id: "20200001",
    name: "张三"
  };
  let { id, name } = student;
< undefined
> id
< "20200001"
> name
< "张三"
> |
```

图 F-12　解构 JSON 数据

【说明】解构赋值也常用于提取 JSON 对象中的数据。

F.1.3　数组扩展

【演练 F.4】熟悉数组扩展。

（1）在浏览器中启用开发者工具。

（2）Array.from 方法的使用。如图 F-13 所示，在控制台上输入如下命令，观察结果。

Array.from 方法用于将类似数组的对象（Array-Like Object）和可遍历（Iterable）的对象（包括 ES6 新增的数据结构 Set 及 Map）转换为真正的数组。

```
> let arr1= {
      '0': 'a',
      '1': 'b',
      '2': 'c',
      length: 3
  };
  let arr2 = Array.from(arr1);
< undefined
> arr2
< ▶(3) ["a", "b", "c"]
> arr1
< ▶{0: "a", 1: "b", 2: "c", length: 3}
>
```

图 F-13　Array.from 方法的使用

【说明】Array.from 方法将 arr1 转换为真正的数组 arr2。

（3）find 方法的使用。如图 F-14 所示，在控制台上输入如下命令，观察结果。

find 方法用于找出第一个符合条件的数组成员。它的参数是一个回调函数，所有数组成员依次执行该回调函数，直到找出第一个返回值为 true 的成员，并返回该成员。如果没有找到符合条件的成员，则返回 undefined。

```
> [1, 4, -5, 10].find((n) => n < 0)
< -5
>
```

图 F-14　find 方法的使用 1

【说明】以上代码用于找出数组中第一个小于 0 的成员。

（4）如图 F-15 所示，在控制台上输入如下命令，观察结果。

```
> [1, 3, 5, 9].find(function(value, index, arr) {
    return value >3;
  })
< 5
> |
```

图 F-15　find 方法的使用 2

【说明】find 方法的回调函数可以接收 3 个参数，依次为当前的值、当前的位置和原数组，其可返回第一个符合条件的数组成员的值。

（5）findIndex 方法的使用。如图 F-16 所示，在控制台上输入如下命令，观察结果。

```
> [1, 3, 5, 9].findIndex(function(value, index, arr) {
    return value >3;
  })
< 2
> |
```

图 F-16　findIndex 方法的使用

【说明】findIndex 方法的用法与 find 方法非常类似，其可返回第一个符合条件的数组成员的位置，如果所有成员都不符合条件，则返回-1。

（6）fill 方法的使用。如图 F-17 所示，在控制台上输入如下命令，观察结果。

```
> new Array(3).fill(3)
< ▶(3) [3, 3, 3]
> [1, 2, 3].fill(3)
< ▶(3) [3, 3, 3]
> |
```

图 F-17　fill 方法的使用

【说明】fill 方法常用于空数组的初始化，使用非常方便。

下面的 keys、values、entries 方法都用于遍历数组，可以用 for...of 循环进行遍历，区别是 keys 方法用于对键名的遍历，values 方法用于对键值的遍历，entries 方法用于对键值对的遍历。

（7）keys 方法的使用。如图 F-18 所示，在控制台上输入如下命令，观察结果。

```
> for (let index of ['a', 'b'].keys()) {
    console.log(index);
  }
  0
  1
< undefined
> |
```

图 F-18　keys 方法的使用

（8）values 方法的使用。如图 F-19 所示，在控制台上输入如下命令，观察结果。

```
> for (let elem of ['a', 'b'].values()) {
    console.log(elem);
  }
  a
  b
< undefined
> |
```

图 F-19　values 方法的使用

（9）entries 方法的使用。如图 F-20 所示，在控制台上输入如下命令，观察结果。

```
> for (let [index, elem] of ['a', 'b'].entries()) {
    console.log(index, elem);
  }
  0 "a"
  1 "b"
< undefined
> |
```

图 F-20 entries 方法的使用

（10）map 方法的使用。如图 F-21 所示，在控制台上输入如下命令，观察结果。

```
> let arr =[50,60,80];
  let result = arr.map((item,index,arr)=>{
  return item>=60?'及格':'不及格';
  })
  result
< ▶ (3) ["不及格", "及格", "及格"]
```

图 F-21 map 方法的使用

（11）reduce 方法的使用。如图 F-22 所示，在控制台上输入如下命令，观察结果。

```
> let store = [1,2,3,4,5]
  let total = store.reduce((temp,item,index)=>{
  /*temp 是每次的临时变量，是第n次和第n+1次的临时和，item 是每次要加的值，index 是每次
  循环的索引*/
  console.log(temp,item,index)
  return temp+item;
  })
  total
  1 2 1                                              VM145:4
  3 3 2                                              VM145:4
  6 4 3                                              VM145:4
  10 5 4                                             VM145:4
< 15
```

图 F-22 reduce 方法的使用

（12）filter 过滤器的使用。如图 F-23 所示，在控制台上输入如下命令，观察结果。

```
> let num = [1,2,3,4,5,6];
  let result = num.filter(item=>item%3===0)
  result;
< ▶ (2) [3, 6]
```

图 F-23 filter 过滤器的使用

（13）forEach 循环的使用。如图 F-24 所示，在控制台上输入如下命令，观察结果。

（14）every 方法的使用。如图 F-25 所示，在控制台上输入如下命令，观察结果。

every 方法用于遍历数组中的每一项，若每一项都返回 true，则最终结果为 true；当任何一项返回 false 时，停止遍历，并返回 false。

```
> let arr = [1,2,3]
  arr.forEach(item=>console.log(item))
  1
  2
  3
← undefined
```

图 F-24　forEach 循环的使用

```
> let arr = [1,2,3];
  let flag= arr.every((item,index,arr) =>item > 1 )
  flag;
← false
>
```

图 F-25　every 方法的使用

（15）some 方法的使用。如图 F-26 所示，在控制台上输入如下命令，观察结果。some 方法用于遍历数组中的每一项，若其中有一项返回 true，则最终返回 true。

```
> let arr = [1,2,3];
  let flag =arr.some((item,index,arr) => {
  console.log(item)
  return item > 1 //结果为false
  })
  flag
  1
  2
← true
```

图 F-26　some 方法的使用

F.1.4　对象扩展运算符

对象扩展运算符（...）用于从一个对象将所有可遍历的、但尚未被读取的属性分配到指定的对象上。这个对象的所有键和值都会复制到新对象上。

【演练 F.5】熟悉对象扩展运算符（...）的使用。

（1）在浏览器中启用开发者工具。

（2）如图 F-27 所示，在控制台上输入如下命令，观察结果。

```
> let { x, y, ...z } = { x: 1, y: 2, a: 3, b: 4 };
← undefined
> x
← 1
> y
← 2
> z
← ▶ {a: 3, b: 4}
> |
```

图 F-27　对象扩展运算符（...）的使用

【说明】在以上代码中，变量 z 是解构赋值所在的对象。它用于获取等号右边的所有尚未读取的键（a 和 b），将它们连同值一起复制过来。

（3）这里给出一个错误示例，如图 F-28 所示，在控制台上输入如下命令，观察结果。

```
> let { ...x, y, z } = obj;
⊗ Uncaught SyntaxError: Rest element must be last element
> let { x, ...y, ...z } = obj;
⊗ Uncaught SyntaxError: Rest element must be last element
> |
```

图 F-28　错误示例

【说明】扩展运算符必须是最后一个参数，否则会报错。

F.1.5　定义和使用类

ES6 提供了更接近传统语言的写法，引入了 Class（类）的概念，并将其作为对象的模板。通过 class 关键字可以定义类。基本上，可以将 ES6 的类看作一个语法糖，它的绝大部分功能 ES5 都可以实现，新的类的写法只是使对象原型的写法更加清晰、更类似于面向对象编程的语法而已。

【演练 F.6】定义和使用类。

（1）在浏览器中启用开发者工具。

（2）在控制台上输入如下命令，观察结果。

```
//定义类
class Bar {
 doStuff() {
   console.log('123');
 }
}
//使用的时候，直接对类使用 new 命令
var b = new Bar();
b.doStuff()
```

【说明】要想深入理解 JavaScript，需要学习函数式面向对象，这不在本书讲解范围之内。

F.2　Bootstrap

Bootstrap 是全球最受欢迎的前端组件库之一，用于开发响应式布局、移动设备优先的 Web 项目。

F.2.1　Bootstrap 简介

Bootstrap 是一套用于 HTML、CSS 和 JavaScript 开发的开源工具集。利用 Bootstrap 提供的 Sass 变量和大量 Mixin、响应式栅格系统、可扩展的预制组件、基于 jQuery 的强大的插件系统，能够快速开发出原型或者构建整个项目。

下面以 Bootstrap 4 为例进行讲解，预计 Bootstrap 5 中将删除 jQuery 依赖项，移除 jQuery 依赖之后，开发团队将使用原生的纯 JavaScript 来代替 jQuery。

F.2.2 Bootstrap 项目演练

下面将创建一个基于 Bootstrap 响应式布局的前端项目，PC 端和移动端能够自适应显示。该项目包含以下 4 部分。

（1）页头：设计页头，包括网页标题和导航栏，导航栏中使用下拉插件，屏幕较宽时显示为菜单，屏幕较窄时显示为折叠导航栏。

（2）轮播图：实现轮播效果，且图片呈现由大到小的动画。

（3）网站介绍：采用栅格系统进行布局，以图片和标题的形式展示，当鼠标指针经过时图片放大。

（4）表单提交：利用弹性盒子实现表单左侧的文字介绍，使其相对于表单的高度垂直居中。

该项目在 PC 端的效果图如图 F-29 所示。

图 F-29 该项目在 PC 端的效果图

172

该项目在移动端的效果图如图 F-30 所示。

图 F-30 该项目在移动端的效果图

该项目可分为以下 4 个步骤进行演练。

【演练 F.7】设计页头。

（1）新建项目文件夹。

（2）在项目文件夹下粘贴资源文件夹"img"。

（3）在项目文件夹下新建"css"文件夹，在"css"文件夹下粘贴 Bootstrap 样式文件"bootstrap.min.css"。

（4）在项目文件夹下新建"js"文件夹，在"js"文件夹下粘贴 Bootstrap 需要用到的 JS文件，Bootstrap 是基于 jQuery 的，需复制的文件有 jquery.min.js 和 bootstrap.min.js。

（5）在项目文件夹下新建 index1.html 文件。

```
<!DOCTYPE html>
<html lang="en">

<head>
```

```
    <meta charset="UTF-8">
    <meta name="viewport" content="width=device-width, initial-scale=1.0">
    <title>Document</title>
    <link rel="stylesheet" type="text/css" href="css/bootstrap.min.css">
</head>
<body>
    <!-- 头部 -->
    <div class="container">
        <div class="row justify-content-between">
            <a href="" class="navbar-brand">
                <img src="img/logo.png">
            </a>
            <nav class="navbar navbar-expand-lg navbar-light">
                <button class="navbar-toggler" type="button" data-toggle=
"collapse" data-target='#navToggler'>
                    <span class="navbar-toggler-icon"></span>
                </button>
                <div class="collapse navbar-collapse" id="navToggler">
                    <ul class="navbar-nav mr-auto">
                        <li class="nav-item">
                            <a class="nav-link active">首页</a>
                        </li>
                        <li class="nav-item">
                            <a class="nav-link dropdown-toggle" data-toggle=
"dropdown" href="#" role="button" aria-haspopup="true" aria-expanded="false">
HTML/CSS</a>
                            <div class="dropdown-menu">
                                <a class="dropdown-item" href="#">HTML</a>
                                <a class="dropdown-item" href="#">CSS</a>
                                <div class="dropdown-divider"></div>
                                <a class="dropdown-item" href="#">HTML5</a>
                                <a class="dropdown-item" href="#">CSS3</a>
                            </div>
                        </li>
                        <li class="nav-item">
                            <a class="nav-link">JavaScript</a>
                        </li>
                        <li class="nav-item">
                            <a class="nav-link">jQuery</a>
                        </li>
                    </ul>
                </div>
            </nav>
        </div>
    </div>
    <script type="text/javascript" src="js/jquery.min.js"></script>
    <script type="text/javascript" src="js/bootstrap.min.js"></script>

</body>
</html>
```

（6）在浏览器中查看 index1.html，页头宽屏效果如图 F-31 所示。

图 F-31　页头宽屏效果

（7）逐步缩小浏览器的宽度或者在浏览器中将设备设置为移动端模式，页头窄屏效果如图 F-32 所示。

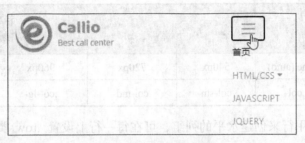

图 F-32　页头窄屏效果

（8）代码讲解。

① 引入 Bootstrap 所需的 CSS 和 JS 文件，如图 F-33 所示，注意图中阴影部分所示的代码。

```html
<!DOCTYPE html>
<html lang="en">

<head>
    <meta charset="UTF-8">
    <meta name="viewport" content="width=device-width, initial-scale=1.0">
    <title>Document</title>
    <link rel="stylesheet" type="text/css" href="css/bootstrap.min.css">
</head>

<body>
    <!-- 头部 -->
    <div class="container">=
    </div>
    <script type="text/javascript" src="js/jquery.min.js"></script>
    <script type="text/javascript" src="js/bootstrap.min.js"></script>
</body>

</html>
```

图 F-33　引入 Bootstrap 所需的 CSS 和 JS 文件

② 观察头部架构，如图 F-34 所示，注意图中阴影部分所示的代码。从整体上可以看出头部占一行，该行左侧是 Logo，右侧是一个响应式导航栏。

```html
<!-- 头部 -->
<div class="container">
    <div class="row justify-content-between">
        <a href="" class="navbar-brand">
            <img src="img/logo.png">
        </a>
        <nav class="navbar navbar-expand-lg navbar-light">=
        </nav>
    </div>
</div>
```

图 F-34　头部架构

175

【说明】网格的每一行的需要放置在设置了 .container（固定宽度）或 .container-fluid（全屏宽度）类的容器中，这样即可自动设置网格外边距与内边距。这里是放置在了设置了 .container 的容器中。

表 F-1 给出了 .container（固定宽度）的工作模式。

表 F-1 .container（固定宽度）的工作模式

设备	超小设备 <576px	平板电脑 ≥576px	桌面显示器 ≥768px	大桌面显示器 ≥992px	超大桌面显示器 ≥1200px
容器最大宽度	None (auto)	540px	720px	960px	1140px
类前缀	.col-	.col-sm-	.col-md-	.col-lg-	.col-xl-

容器中需要使用行来创建水平的列组，可在每一行上设置 .row 类，这里的页头只有一行。

justify-content-between：元素平均地分布在行中。第一个元素的边界与行的主起始位置的边界对齐，最后一个元素的边界与行的主结束位置的边界对齐，而剩余的伸缩盒项目平均分布，并确保两两之间的空白空间相等。

navbar-brand：用于高亮显示 Logo。

③ 观察响应式导航栏结构，如图 F-35 所示，注意图中阴影部分所示的代码。

```
<nav class="navbar navbar-expand-lg navbar-light">
    <button class="navbar-toggler" type="button" data-toggle="collapse" data-target='#navToggler'>
        <span class="navbar-toggler-icon"></span>
    </button>
    <div class="collapse navbar-collapse" id="navToggler">
        <ul class="navbar-nav mr-auto">⋯
        </ul>
    </div>
</nav>
```

图 F-35 响应式导航栏结构

【说明】导航栏一般放在页面的顶部。可以使用.navbar 类来创建一个标准的导航栏，后面用.navbar-expand-xl|lg|md|sm 类来创建响应式导航栏，响应式导航栏的效果是宽屏时水平铺开，窄屏时垂直堆叠。

使用 Bootstrap 会经常看到 sm、md、lg、xl 等后缀，其含义分别如下。

sm：平板电脑，屏幕宽度等于或大于 576px。

md：桌面显示器，屏幕宽度等于或大于 768px。

lg：大桌面显示器，屏幕宽度等于或大于 992px。

xl：超大桌面显示器，屏幕宽度等于或大于 1200px。

这里使用的是 navbar-expand-lg，表示导航栏在屏幕宽度大于或等于 992px 时水平铺开。

折叠导航栏：这里的响应式导航栏中是一个折叠导航栏。通常，小屏幕上会折叠导航栏，通过单击来显示导航选项。

要想创建折叠导航栏，可以在按钮上添加 class="navbar-toggler"、data-toggle="collapse"、data-target="#thetarget"类，并在设置了 class="collapsenavbar-collapse"类的 DIV 上包含导航内

容（链接），DIV 元素上的 id 匹配按钮 data-target 上指定的 id，这里的 id 是"navToggler"。

④ 导航栏中可以设置下拉菜单，如图 F-36 所示，注意图中阴影部分所示的代码。

```
<div class="collapse navbar-collapse" id="navToggler">
    <ul class="navbar-nav mr-auto">
        <li class="nav-item">
            <a class="nav-link active">首页</a>
        </li>
        <li class="nav-item"> =
        </li>
        <li class="nav-item">
            <a class="nav-link">JAVASCRIPT</a>
        </li>
        <li class="nav-item">
            <a class="nav-link">JQUERY</a>
        </li>
    </ul>
</div>
```

图 F-36　设置下拉菜单 1

【说明】要想创建一个水平导航栏，可以在<ul>元素上添加.navbar-nav 类，在每个<li>选项上添加.nav-item 类，在每个链接上添加.nav-link 类。

⑤ 如图 F-37 所示，注意图中阴影部分所示的代码，其中一个 li 又是一个下拉菜单。

```
<ul class="navbar-nav mr-auto">
    <li class="nav-item">
        <a class="nav-link active">首页</a>
    </li>
    <li class="nav-item">
        <a class="nav-link dropdown-toggle" data-toggle="dropdown" href="#" role="button"
        aria-haspopup="true" aria-expanded="false">HTML/CSS</a>
        <div class="dropdown-menu">
            <a class="dropdown-item" href="#">HTML</a>
            <a class="dropdown-item" href="#">CSS</a>
            <div class="dropdown-divider"></div>
            <a class="dropdown-item" href="#">HTML5</a>
            <a class="dropdown-item" href="#">CSS3</a>
        </div>
    </li>
    <li class="nav-item">
        <a class="nav-link">JAVASCRIPT</a>
    </li>
    <li class="nav-item">
        <a class="nav-link">JQUERY</a>
    </li>
</ul>
```

图 F-37　设置下拉菜单 2

【说明】.dropdown 类用来指定一个下拉菜单，可以使用一个按钮或链接来打开下拉菜单，按钮或链接上需要添加.dropdown-toggle 和 data-toggle="dropdown"属性；<div>元素上需要添加.dropdown-menu 类来设置实际下拉菜单，并在下拉菜单的选项中添加.dropdown-item 类；.dropdown-divider 类用于在下拉菜单中创建一个水平的分割线。

【演练 F.8】设计轮播图。

（1）为保留分步骤演练的操作过程，将"index1.html"另存为"index2.html"，其代码如图 F-38 所示，修改和添加阴影部分所示的代码。

```
<!DOCTYPE html>
<html lang="en">

<head>
    <meta charset="UTF-8">
    <meta name="viewport" content="width=device-width, initial-scale=1.0">
    <title>Document</title>
    <link rel="stylesheet" type="text/css" href="css/bootstrap.min.css">
    <link rel="stylesheet" type="text/css" href="css/style2.css">
</head>

<body>
    <!-- 头部 -->
    <div class="container">=
    </div>

    <!-- 轮播图 -->
    <div class="carousel slide carousel-scale" data-ride="carousel">
        <div class="carousel-inner">
            <div class="carousel-item active">
                <img src="img/banner1.jpg" class="d-block w-100" alt="...">
            </div>
            <div class="carousel-item">
                <img src="img/banner2.jpg" class="d-block w-100" alt="...">
            </div>
        </div>
    </div>
    <script type="text/javascript" src="js/jquery.min.js"></script>
    <script type="text/javascript" src="js/bootstrap.min.js"></script>
</body>

</html>
```

图 F-38   index2.html 的代码

（2）在 CSS 文件夹下新建 style2.css 文件，这里对样式部分不做详细介绍，该文件内容如下。

```
.carousel-scale .carousel-item img{
    transform: scale(1.12);/*放大到原来的 1.12 倍*/
}
.carousel-scale .carousel-item.active img {
    animation: scaleUpDown 1s forwards cubic-bezier(0.250, 0.460, 0.450, 0.940);
}
@keyframes scaleUpDown {
    from {
        transform: scale(1.12);
    }
    to {
        transform: scale(1);
    }
}
```

（3）在浏览器中查看 index2.html，其运行结果如图 F-39 所示，注意观察图片轮播和每一幅图片的动画效果。

图 F-39   index2.html 的运行结果

（4）轮播图的相关代码如图 F-40 所示，注意图中阴影部分所示的代码。

```html
<!-- 轮播图 -->
<div class="carousel slide carousel-scale" data-ride="carousel">
    <div class="carousel-inner">
        <div class="carousel-item active">
            <img src="img/banner1.jpg" class="d-block w-100" alt="...">
        </div>
        <div class="carousel-item">
            <img src="img/banner2.jpg" class="d-block w-100" alt="...">
        </div>
    </div>
</div>
```

图 F-40　轮播图的相关代码

【说明】最外层的.carousel 表示创建一个轮播，.slide 表示切换图片时的过渡和动画效果，data-ride="carousel"属性用于标记轮播在页面加载时就开始播放动画，无须使用初始化函数。

.carousel 中需要嵌套一个 .carousel-inner 层，其中可添加要切换的图片。

.carousel-item 用于指定每幅图片的内容，.active 表示轮播启动时激活的轮播项。

【演练 F.9】设计网站介绍。

（1）将 "index2.html" 另存为 "index3.html"。修改如下语句，引入样式 "style3.css"。

```html
<link rel="stylesheet" type="text/css" href="css/style3.css">
```

（2）在轮播图后编写如下代码。

```html
<!-- 列表展示 -->
<section class="list">
  <div class="container">
    <div class="row">
      <div class="col-md-4 col-sm-6 col-12"><!--中屏以上显示 3 列，小屏显示 2 列，最小
屏显示 1 列 -->
        <div class="item">
          <div class="thumb">
            <img src="img/service01.jpg">
          </div>
          <h2>HTML</h2>
          <p>Lorem ipsum dolor sit amet, habitasse sollicitudin adipiscing nemo
</p>
          <a href="">更多</a>
        </div>
      </div>
      <div class="col-md-4 col-sm-6 col-12">
        <div class="item">
          <div class="thumb">
            <img src="img/service02.jpg">
          </div>
          <h2>JavaScript</h2>
          <p>Lorem ipsum dolor sit amet, habitasse sollicitudin adipiscing nemo
</p>
          <a href="">更多</a>
        </div>
      </div>
```

```html
      <div class="col-md-4 col-sm-6 col-12">
        <div class="item">
          <div class="thumb">
           <img src="img/service03.jpg">
          </div>
          <h2>MySQL</h2>
          <p>Lorem ipsum dolor sit amet, habitasse sollicitudin adipiscing
nemo</p>
          <a href="">更多</a>
        </div>
      </div>
      <div class="col-md-4 col-sm-6 col-12">
        <div class="item">
          <div class="thumb">
            <img src="img/service04.jpg">
          </div>
          <h2>ES6</h2>
          <p>Lorem ipsum dolor sit amet, habitasse sollicitudin adipiscing nemo
</p>
          <a href="">更多</a>
        </div>
      </div>
      <div class="col-md-4 col-sm-6 col-12">
        <div class="item">
          <div class="thumb">
            <img src="img/service05.jpg">
          </div>
          <h2>PHP</h2>
          <p>Lorem ipsum dolor sit amet, habitasse sollicitudin adipiscing
nemo</p>
          <a href="">更多</a>
        </div>
      </div>
      <div class="col-md-4 col-sm-6 col-12">
        <div class="item">
          <div class="thumb">
            <img src="img/service05.jpg">
          </div>
          <h2>VUE</h2>
          <p>Lorem ipsum dolor sit amet, habitasse sollicitudin adipiscing
nemo</p>
          <a href="">更多</a>
        </div>
      </div>
    </div>
  </div>
</section>
```

（3）将"style2.css"另存为"style3.css"，追加如下代码。

```css
.list{
    margin-top:2rem;
}
```

```
.list .item{
    margin:20px 10px;
    padding-bottom: 20px;
    border:1px solid #ccc;
    border-radius: 20px;/*设置边框圆角，四个角都是20px*/
}
.list .item .thumb{
    overflow: hidden;
    margin-bottom:1rem;
}
.list .item .thumb img{
    width: 100%;
    transition: all .8s;
}
.list .item:hover .thumb img{
    transform: scale(1.2);
}
.list .item h2,.list .item p,.list .item a{
    padding:0 2rem;
```

（4）在浏览器中查看 index3.html，其运行结果如图 F-41 所示。

图 F-41　index3.html 的运行结果

（5）网格系统的代码如图 F-42 所示，注意图中阴影部分所示的代码。

```html
<div class="container">
    <div class="row">
        <div class="col-md-4 col-sm-6 col-12">
        </div>
        <div class="col-md-4 col-sm-6 col-12">
        </div>
        <div class="col-md-4 col-sm-6 col-12">
        </div>
        <div class="col-md-4 col-sm-6 col-12">
        </div>
        <div class="col-md-4 col-sm-6 col-12">
        </div>
        <div class="col-md-4 col-sm-6 col-12">
        </div>
    </div>
</div>
```

图 F-42　网格系统的代码

【说明】Bootstrap 提供了一套响应式、移动设备优先的流式网格系统，随着屏幕或视口尺寸的增加，系统会自动分为最多 12 列。网格列是通过跨越指定的 12 个列来创建的。例如，设置 3 个相等的列，需要使用 3 个.col-sm-4（4×3=12）来进行设置。

本例中设置 col-md-4、col-sm-6、col-12，表示中屏以上显示 3 列，小屏显示 2 列，最小屏显示 1 列（4×3=12，6×2=12，12×1=12）。

【演练 F.10】设计表单提交。

（1）将 "index3.html" 另存为 "index4.html"。修改如下语句，引入样式 "style4.css"。

```html
<link rel="stylesheet" type="text/css" href="css/style4.css">
```

（2）在列表展示后编写如下代码。

```html
<section class="message">
  <div class="container">
    <div class="row">
      <div class="col-12 col-md-6 d-flex align-items-center description">
        <!-- 以下内容要垂直对齐-->
        <div class="row">
          <h2 class="col-12">Web 前端</h2>
          <p class="col-12">
              Web 前端在 IT 行业真正受到重视也就六七年的时间。随着互联网的迅猛发展，各种互联网项目不断兴起，对用户体验提出了更高的要求，前端开发也由此逐渐成为了重要的研发角色。从 2012 年至今，"Web 前端工程师"的需求持续走高，薪酬也水涨船高，所以，有不少人立志成为前端开发工程师，但同时为不知道 Web 前端开发到底还能热多久而感到忧虑。
          </p>
        </div>
      </div>
      <div class="col-12 col-md-6 form">
        <h2>
          <span>Service Form</span>
```

```
        Get Your Service
      </h2>
      <form>
        <div class="form-group">
          <input type="text" class="form-control" placeholder="输入用户名">
        </div>
        <div class="form-group">
          <input type="text" class="form-control" placeholder="输入用户名">
        </div>
        <div class="form-group">
          <input type="text" class="form-control" placeholder="输入用户名">
        </div>
        <div class="form-group">
          <select id="inputState" class="form-control">
            <option selected>html</option>
            <option>css</option>
          </select>
        </div>
        <div class="form-group">
          <button type="submit" class="form-control btn btn-primary">Sign
in</button>
        </div>
      </form>
    </div>
  </div>
 </div>
</section>

<footer class="container-fruild bottom">
  版权
</footer>
```

（3）将"style3.css"另存为"style4.css"，追加如下代码。

```
.message{
  padding:3rem 0;
  border-top:1px solid #ccc;
}
.message .form{
  border:1px solid #ccc;
  padding:20px 30px;
  border-radius: 10px;
  background-color: #eee;
}
.message .form h2{
  padding:20px 0;
  text-align: center;
}
.message .form h2 span{
  display: block;
```

```
  font-size: 18px;
  font-weight: normal;
}
.description h2{
  text-align: center;
  line-height:70px;
}
.description p{
  line-height: 28px;
  text-indent: 2em; /* 文字首页缩进 */
}

.bottom{
  height: 6rem;
  line-height: 6rem;
  text-align: center;
  background-color: #333;
  color:#fff;
}
```

（4）在浏览器中查看 index4.html，其运行结果如图 F-43 所示。

图 F-43　index4.html 的运行结果

（5）Bootstrap 4 使用了 Flex 布局，可使用 d-flex 类创建一个弹性盒子容器，如果想设置单行的子元素对齐，则可以使用.align-items-*类来控制，其包含的值有 .align-items-start、.align-items-end、.align-items-center、.align-items-baseline 和.align-items -stretch（默认）。

Bootstrap 4 表单：将标签和控件放在一个带有 class="form-group"的<div>中，可以获取最佳间距。向文本元素<input>、<textarea>和<select>添加 class="form-control"，可将宽度设置为100%。